FOSSILES CARACTÉRISTIQUES

Ère secondaire

Lt-Colonel **LAMOUCHE**

FOSSILES CARACTÉRISTIQUES

Préface de M. Ch. BARROIS

Membre de l'Institut
Professeur de Géologie à la Faculté des Sciences de Lille

QUATRIÈME FASCICULE

Terrains de l'ère secondaire

(Crétacé)

37 planches, 474 figures, 177 espèces avec légendes

PARIS
LIBRAIRIE SCIENTIFIQUE J. HERMANN
6, RUE DE LA SORBONNE, 6

1927

FOSSILES CARACTÉRISTIQUES

Explication des 37 planches
du quatrième fascicule

renfermant 177 espèces des terrains ci-après :

Crétacé
- Danien
- Maestrichtien } Aturien
- Campanien
- Santonien } Emschérien
- Coniacien
} Sénonien
- Turonien
- Cénomanien
- Albien (ou Gault)
- Aptien
- Barrémien
- Hauterivien
- Valanginien } Néocomien

Transition
- Wealdien
- Purbeckien

1° Chaque fossile est reproduit en grandeur naturelle, sauf indication de
réduction ou de grossissement mise en abrégé à côté de la figure.

2° Les fossiles sont groupés par séries dont chacune porte un numéro
d'ordre et correspond à une des grandes divisions de la stratigra-
phie.

3° Chaque espèce porte deux numéros séparés par un point. Le petit
numéro, celui de droite, est celui de la série, donc de l'étage. Le
numéro en caractères plus gros, celui de gauche, est le numéro
d'ordre du fossile dans la série.

Cette notation a été adoptée pour rendre l'album indéfiniment perfectible
puisque chaque série est illimitée.

31 — TRANSITION DU JURASSIQUE AU CRÉTACÉ
FACIÈS CONTINENTAL
2 WEALDIEN
1 PURBECKIEN

Les sédiments continentaux de cette époque permettent d'observer le
contraste frappant de la petitesse des mammifères avec les énormes propor-
tions de plusieurs reptiles qui ont été leurs contemporains.

Les reptiles géants sont encore nombreux. Par contre, les mammifères sont encore peu développés, rares et très petits ; la plupart ont la dimension des rats ou des écureuils et offrent les caractères des marsupiaux.

1.₃₁. — *Plagiaulax minor* Owen (Purbeckien). Mandibule grossie quatre fois, vue de côté, montrant de gauche à droite une incisive, quatre prémolaires et deux arrières molaires vues de profil et en dessus (d'après Falconer). A. Gaudry, Les enchaînements du monde animal, fossiles secondaires ; Paris, 1890, p. 284. fig. 301.

2.₃₁. — *Iguanodon bernissartensis* Boulenger (Wealdien). Restauration du squelette au 1/66 grandeur nat. d'après de Paw et Dollo. A. Gaudry, Les enchaînements du monde animal, fossiles secondaires : Paris, 1890, p. 212, fig. 307.

3.₃₁. — *Iguanodon Mantelli* Owen (Wealdien). — *a)* Fragment de mâchoire inférieure gauche, avec quatre dents, côté externe. Gr. nat. — *b)* Le même, vu par en dessus. — *c)* Le même, vu par le côté interne. Owen, Monograph of the Fossil Reptilia of the cretaceous formations. Supplément n° 2, pp. 37 à 30. Palæontographical Society, London, 1861, pl. VII, fig. 5, 6 et 7.

32 — VALANGINIEN (NÉOCOMIEN INFÉRIEUR)

1.₃₂. — *Heterodiceras Luci* [DEFRANCE]. — *a)* et *b)* Individu 2/3 grand. nat. — Favre (Alphonse). Observations sur les Diceras, 1843. Mém. Soc. Phys. et Hist. Nat. de Genève, t. X, pl. 4, fig. 2 et pl. V, fig. 1. — *c)* Valve droite provenant du Salève, gr. nat. — Bayle (in Bayan). Etudes faites dans la Coll. Ecole des Mines, 1873, 2ᵉ fasc., pl. XIX, fig. 16. Figures reproduites in Palæontologia universalis, pl. 173 a.

2.₃₂. — *Phylloceras semisulcatum* [D'ORBIGNY]. — *a)* et *b)* Individu gr. nat. — *c)* Suture grossie. D'Orbigny. Pal. franç. Terrains crétacés, t. I, Paris, 1840, p. 172, pl. 53, fig. 4, 5 et 6.

3.₃₂. — *Pygope diphyoides* [D'ORBIGNY]. — *a)* Individu gr. nat. vu par la valve dorsale. — *b)* Le même, vu de profil. D'Orbigny, Pal. franç., Terrains crétacés, t. IV, Paris, 1847, p. 87, pl. 509, fig. 6 et 8.

4.₃₂. — *Natica leviathan* PICTET et CAMPICHE (= *Strombus Sautieri* COQUAND). Paul Choffat, Recueil d'études paléontologiques sur la faune crétacique du Portugal, vol. 1. Espèces nouvelles ou peu connues. Mém. comm. travaux géologiques du Portugal, Lisbonne, 1886, pl. I, fig. 1 a.

5.₃₂. — *Orbitolina lenticularis* D'ORBIGNY. — *a)* gr. nat. — *b)* et *c)* Individu grossi. Bronn et Rœmer, Lethæa geognostica, 3ᵉ édit., Stuttgart, 1850-1856, atlas, pl. 29², fig. 22.

6.₃₂. — *Hoplites (Neocomites) neocomiensis* [D'ORBIGNY]. Individu gr. nat. et suture grossie. D'Orbigny, Pal. franç., Terrains crétacés, t. I, Paris, 1840, p. 202, pl. 59, fig. 8, 9 et 10.

7.₃₂. — *Aptychus Didayi* COQUAND. — *a)* Figure type. Coquand, Mém. sur les Aptychus du Néocomien des Basses-Alpes ; Bull. Soc. géol. Fr., 1ʳᵉ série, t. XII, 1841, p. 376, pl. IX, fig. 10. — *b)* Autre exemplaire. W. Kilian, in Lethæa geognostica, Mesozoicum, Kreide ; Stuttgart, 1907, pl. 3, fig. 1.

8.₃₂. — *Duvalia lata* [DE BLAINVILLE]. De Blainville. Mém. sur les Bélemnites, 1827, pl. 5, fig. 10. Figure type reproduite in Palæontologia universalis, série 2, fasc. 3, pl. 114.

9.₃₂. — *Duvalia Emerici* [D'ORBIGNY]. W. Kilian, in Lethæa geognostica, Mesozoicum, Kreide ; Stuttgart, 1907, pl. 3, fig. 1, gr. nat.

10.₃₂. — *Pygurus rostratus* AGASSIZ. — *a)* Individu gr. nat. vu en dessus. — *b)* Le même, vu de profil. — *c)* Le même, vu en dessous. D'Orbigny, Pal. franç., Terrains crétacés, t. VI, Echinodermes, Paris, 1853-1855, p. 304, pl. 914, fig. 1 et 2, pl. 915.

11.₃₂. — *Lissoceras (Haploceras) Grasianum* [D'ORBIGNY]. D'Orbigny, Pal. franç., Terrains crétacés, t. I, Paris, 1840, p. 141, pl. 44, fig. 1, 2 et 3.

33 — HAUTERIVIEN (NÉOCOMIEN SUPÉRIEUR)

1.₃₃. — *Duvalia dilatata* [DE BLAINVILLE]. — *a)* Individu, gr. nat., vu de côté.
— *b)* Le même, vu du côté ventral ; on aperçoit le canal. Bayle,
Explic. carte géol. de France ; Paris, 1878, pl. XXXII, fig. 3 et 4.

2.₃₃. — *Crioceras Duvali* LÉVEILLÉ. — *a)* Moule d'un individu adulte, réduit
d'un quart. La pointe de la spire est brisée. Les tours sont ornés
de gros bourrelets assez régulièrement distants. Vers l'ouverture
les bourrelets sont bien plus rapprochés. Bayle, Explic. carte
géol. de France ; Paris, 1878, pl. XCVII, fig. 1. — *b)* Autre individu adulte, 1/3 gr. nat. — *c)* Suture grossie. D'Orbigny, Pal. fr.,
Terr. crét., t. I. Paris, 1840, p. 459, pl. 113.

3.₃₃ — *Terebratula praelonga* SOWERBY (= *Terebratula acuta* QUENSTEDT).
Davidson, Monograph of the British Fossil Brachiopoda ; vol. IV,
Part. I, Suppl. to the recent tertiary and cretaceous species. 1874,
pl. 3, fig. 12, 12 a et 12 b.

4.₃₃. — *Hibolites (Pseudobelus) pistilliformis* [DE BLAINVILLE] (= *Hibolites pis-
tillirostris* PAVLOW). — *a)* Individu, gr. nat., vu de profil. —
b) Coupe longitudinale d'un autre exemplaire pour montrer, par
les lignes d'accroissement, que jeune il est aigu et ne devient
obtus qu'avec l'âge. — *c)* Vue en dessus de l'extrémité postérieure
de l'exemplaire *a)*. D'Orbigny, Pal. fr., Terr. crét., t. I, Paris,
1840, p. 53, pl. 6, fig. 1, 3 et 4.

5.₃₃. — *Hoplites radiatus* [BRUGUIÈRE]. — *a)* Individu de taille moyenne dont le
test est conservé. On remarque la base des deux rangées de lon-
gues épines que portent les tours. et qui caractérisent cette espèce.
— *b)* Le même, disposé pour montrer le méplat caractéristique de
la région ventrale, ainsi que les côtes larges et saillantes qui, de
chaque côté, naissent de ce méplat. Bayle, Explic. carte géol. de
France, Paris, 1878, pl. LXX, fig. 1 et 2.

6.₃₃. — *Alectryonia macroptera* [SOWERBY] (= *Alectryonia rectangularis*
[RŒMER]). Sowerby, The Mineral Conchology, London, 1825,
vol. V, pl. 468, fig. 2 et 3.

7.₃₃. — *Pholadomya elongata* MÜNSTER (= *Pholadomya gigantea* SOWERBY).
Goldfuss, Petrefacta Germaniæ, Dusseldorf, 1834-1840, p. 270,
pl. CLVII, fig. 3 a b.

8.₃₃. — *Harpagodes (Pterocera) Pelagi* [AL. BRONGNIART] Moule interne,
2/3 gr. nat. Al. Brongniart, Sur les caractères zoologiques des formations ; Annales des Mines, t. VI, 1821, p. 537, pl. VII, fig. 1 A.

9.₃₃. — *Holcostephanus (Asteria, Heteroceras) Astierianus* [D'ORBIGNY]. D'Orbigny, Pal. fr., Terr. crét., t. I, Paris, 1840, p. 115, pl. 28, fig. 1
et 2.

10.₃₃. — *Peregrinella peregrina* [VON BUCH] (= *Peregrinella multicarinata*
[LAMARCK]. D'Orbigny, Pal. fr., Terr. crét., t. IV, Paris, 1847,
p. 16, pl. 493, fig. 1 et 2.

11.₃₃. — *Nautilus pseudoelegans* D'ORBIGNY. — *a)* Individu, 1/3 gr. nat., vu de profil, représenté à l'instant où il se couvre de sillons. — *b)* Trait de la bouche, vu de face, pour montrer la place du siphon. D'Orbigny, Pal. fr., Terr. crét.. t. I, Paris, 1840, p. 70, pl. 8, fig. 1 et 2.

12.₃₃. — *Phylloceras infundibulum* [D'ORBIGNY]. D'Orbigny, Pal. fr., Terr. crét., t. I, Paris, 1840, p. 131, pl. 39, fig. 4 et 5.

13.₃₃. — *Janira (Neithea) atava* [RŒMER] (= *Pecten neocomiensis* D'ORBIGNY). D'Orbigny, Pal. fr., Terr. crét., t. III, Paris, 1860, pl. 442, fig. 1 et 3.

14.₃₃. — *Exogyra Couloni* [DEFRANCE]. — *a)* Individu entier, de taille moyenne. On remarque les lames d'accroissement de la valve droite operculiforme et dont le crochet est légèrement contourné. — *b)* Individu vu par la face externe de sa valve gauche. Cette valve présente sa carène, dont une épine située dans le voisinage du crochet est en partie brisée ; les deux expansions aliformes du bord cardinal, caractéristiques de l'espèce, sont très développées dans cet individu. Bayle, Explic. carte géol. de Fr., Paris, 1878, pl. CXL, fig. 1 et 2. — *c)* Détail de la charnière. Jourdy, Hist. nat. des Exogyres. Annales de Paléontologie, t. XIII, 1924, pl. III, fig. 1.

15.₃₃. — *Toxaster retusus* [LAMARCK] (= *Toxaster complanatus* AGASSIZ) (= *Echinospatagus cordiformis* BREYNIUS) — *a)* Individu grossi vu par-dessous. — *b)* Le même, vu par-dessus. — *c)* Individu, gr. nat., vu de profil. Goldfuss, Petrefacta Germaniæ, Dusseldorf, 1826-1833, p. 149, pl. XLVI, fig. 2 a b c.

34 — BARRÉMIEN

1.₃₄. — *Desmoceras difficile* [D'ORBIGNY]. D'Orbigny, Pal. fr., Terr. crét., t. I, Paris, 1840, p. 135, pl. 41, fig. 1 et 2.

2.₃₄. — *Pulchellia pulchella* [D'ORBIGNY]. D'Orbigny, Pal. fr., Terr. crét., t. I, Paris, 1840, p. 133, pl. 40, fig. 1 et 2.

3.₃₄. — *Toxaster gibbus* AGASSIZ et DESON. D'Orbigny, Pal. fr., Terr. crét., t. VI, Paris. 1853-1855, p. 160, pl. 841, fig. 1, 2 et 3. — *a)* Individu vu par-dessus. — *b)* Le même, vu par-dessous. — *c)* Le même, vu de profil.

4.₃₄. — *Heteraster oblongus* [AL. BRONGNIART]. — *a)* Individu vu par-dessus.— *b)* Le même, vu par-dessous.— *c)* Le même, vu de profil. D'Orbigny, Pal. fr., Terr. crét., t. VI, Paris, 1853-1855, p. 176, pl. 847, fig. 1, 2 et 3.

5.₃₄. — *Macroscaphites Yvani* [PUZOS]. Individu de taille moyenne dont l'ouverture n'est pas conservée. Bayle, Explic. carte géol. de Fr., Paris, 1878, pl. XCVIII, fig. 1.

FACIÈS URGONIEN

6.₃₄. — *Caprotina (Monopleura) trilobata* D'ORBIGNY. — *a)* Individu, gr. nat.,
vu de profil, du côté du sillon. — *b)* Le même, vu du côté
opposé. D'Orbigny, Pal. fr , Terr. crét., t. IV, Paris, 1847,
p. 240, pl. 582, fig. 1 et 2.

7.₃₄. — *Toucasia Lonsdalei* [SOWERBY]. — *a)* Individu montrant les deux valves. — *b)* Valve inférieure, 4/5 gr. nat., d'un autre individu. —
c) Une valve supérieure. Henry Woods, A Monograph of the Cretaceous Lamellibranchia, vol. II, Palæontographical Society, London, 1904-1913, p. 207, pl. XXXIII, fig. 4, 5 et 6.

8.₃₄. — *Toucasia carinata* [MATHERON]. — *a)* Jeune individu montrant la valve
droite fortement carénée. — *b)* Autre indiuidu plus grand, vu par
le côté antérieur ; montrant le développement du crochet contourné de la valve gauche. Bayle, Explic. carte géol. de Fr., Paris,
1878, pl. CIX, fig. 4 et 5.

9.₃₄. — *Requienia ammonia* [GOLDFUSS]. — *a)* Individu de taille moyenne, montrant sa valve droite operculiforme dont le crochet est fortement
contourné. — *b)* Valve gauche dont le crochet très développé est
très irrégulièrement enroulé. Ses lames extrêmes sont en partie
brisées en quelques endroits. — *c)* Jeune individu dont la valve
droite operculiforme présente un crochet peu enroulé. Bayle,
Explic. carte géol. de Fr., Paris, 1878, pl. CIX, fig. 1, 2 et 3.

35 — APTIEN

1.₃₅. — *Hoplites fissicostatus* [PHILLIPS]. D'Orbigny, Pal. fr., Terr. crét., t. I, Paris, 1840, p. 261, pl. 76, fig. 1 et 2.

2.₃₅. — *Parahoplites Deshayesi* [LEYMERIE]. — *a)* et *b)* Individu adulte, gr. nat. — *c)* Individu jeune, pour montrer les côtes interrompues à cet âge. — *d)* Suture grossie. D'Orbigny, Pal. fr., Terr. crét., t. I, Paris, 1840, p. 288. pl. 85, fig. 1, 2, 3 et 4.

3.₃₅. — *Exogyra aquila* [BRONGNIART]. Goldfuss, Petrefacta Germaniæ, Dusseldorf, 1834-1840, pl. LXXXVII, fig. 3 a, b, c.

4.₃₅. — *Cidaris vesiculosa* GOLDFUSS. — *a)* Individu, vu de côté. — *b)* Le même, vu par-dessus. — *c)* Le même, vu par-dessous. — *d)* Portion des ambulacres grossie — *e)* Radiole. Cotteau, Pal. fr., Terr. crét., t. VII, Paris, 1862-1867, p. 222, pl. 1.050, fig. 1, 2, 3, 4 et 7.

5.₃₅. — *Ancyloceras Matheronianum* D'ORBIGNY. — *a)* Individu au tiers gr. nat.; parties avec test et parties sans test. — *b)* Coupe transversale montrant la saillie des tubercules. D'Orbigny, Pal. fr., Terr. crét., t. I, Paris, 1840, p. 497, pl. 122, fig. 1 et 4.

6.₃₅. — *Acanthoceras milletianum* [D'ORBIGNY]. — *a)* et *b)* Individu gr. nat. — *c)* Individu jeune. — *d)* Suture grossie. D'Orbigny, Pal. fr., Terr. crét., t. I, Paris, 1840, p. 263, pl. 77, fig. 1, 2, 3 et 4.

7.₃₅. — *Pygaulus (Galerites) depressus* [AL. BRONGNIART]. — D'Orbigny, Pal. fr., Terr. crét., t. VI, Echinodermes, Paris, 1853-1855, p. 353, pl. 934, fig. 1, 2 et 3.

8.₃₅. — *Plicatula placunaea* LAMARCK. — *a)* et *b)* Individu gr. nat. — *c)* Individu grossi 2 fois 1/2. Palæontologia universalis, série III, fasc. II, pl. 205.

9.₃₅. — *Trigonia alaeformis* PARKINSON. Sowerby, The Mineral Conchology, London, 1821, vol. III, pl. CCXV.

10.₃₅. — Couple *Orbitolina conoidea-discoidea* A. GRAS. Type A *(conoidea)* mégasphérique. Type B *(discoidea)* microsphérique. A. Gras, Catalogue des corps organisés fossiles qui se rencontrent dans le département de l'Isère, Grenoble. 1852, pl. I, fig. 4 à 9.

11.₃₅. — *Phylloceras Guettardi* [RASPAIL]. — *a)* et *b)* Individu gr. nat. — *c)* Suture grossie. D'Orbigny, Pal. fr., Terr. crét., t. I, Paris, 1840, p. 169, pl. 53, fig. 1, 2 et 3.

12.₃₅. — *Oppelia (Adolphia) Nisus* [D'ORBIGNY]. — *a)* et *b)* Individu gr. nat. — *c)* Suture grossie. D'Orbigny, Pal. fr., Terr. crét., t. I, Paris, 1840, p. 184, pl. 55, fig. 7, 8 et 9.

13.₃₅. — *Douvilleiceras Martini* [D'ORBIGNY]. — *a)* et *b)* Individu gr. nat. — *c)* Suture grossie. D'Orbigny, Pal. fr., Terr. crét., t. I, Paris, 1840, p. 194, pl. 58, fig. 7, 8 et 10.

14.₃₅. — *Hoplites (Neocomites) Dufrenoyi* [D'ORBIGNY] (= *Hoplites furcatus* [SOWERBY]. — *a)* et *b)* Individu gr. nat. — *c)* Suture grossie. D'Orbigny, Pal. fr., Terr. crét.. t. I, Paris, 1840, p. 200, pl. 33, fig. 4, 5 et 6.

15.₃₅. — *Pseudobelus (Hibolites) semicanaliculatus* [DE BLAINVILLE]. — *a)* Rostre, vu en dessous, pour montrer le sillon. — *b)* Le même, vu de côté. — *c)* Le même, vu du côté de l'ouverture, pour montrer qu'il n'y a pas de fissure. — *d)* Coupe longitudinale d'un autre individu pour montrer la longueur de la cavité. — D'Orbigny, Pal. fr., Terr. crét., t. I, Paris, 1840, p. 55, pl. 5, fig. 10, 11, 12 et 13.

36 — ALBIEN (ou GAULT)

1.₃₆. — *Desmoceras Beudanti* [AL. BRONGNIART]. D'Orbigny, Pal. fr., Terr. crét.,
t. I, Paris, 1840, p. 278, pl. 33, fig. 1 et pl. 34, fig. 1.

2.₃₆. — *Puzosia (Latidorsella) latidorsata* [MICHELIN]. — *a)* et *b)* Individu gr.
nat. montrant des parties sans test, alors pourvues de sillons, et
des parties de test, présentant les légères côtes de la coquille. —
c) Individu lisse. — *d)* Suture grossie. D'Orbigny, Pal. fr., Terr.
crét., t. I, Paris, 1840, p. 270, pl. 80, fig. 1, 2, 3 et 5.

3.₃₆. — *Hoplites (Leymeriella) tardè furcatus* [LEYMERIE]. D'Orbigny, Pal. fr ,
Terr. crét., t. I, Paris, 1840, p. 248, pl. 74, fig. 4 et 5.

4.₃₆. — *Douvilleiceras (Acanthoceras) mamillare* [SCHLOTHEIM]. Individu, gr.
nat., dont presque toutes les épines sont entièrement conservées.
Bayle, Explic. Carte géol. de Fr., Paris, 1878, pl. LIX, fig. 2.

5.₃₆. — *Hoplites interruptus* [BRUGUIÈRE] (= *Hoplites dentatus* [SOWERBY]). —
a) Individu, gr. nat., d'une variété renflée. — *b)* Autre variété renflée, vue du côté de la bouche, montrant le dessus de la dernière
cloison. — *c)* Autre exemplaire, très canaliculé, d'une variété
comprimée. D'Orbigny. Pal. fr . Terr. crét., t. I, Paris, 1840, p. 211,
pl. 32, fig. 1, 2 et 5.

6.₃₆. — *Pseudobelus minimus* [LISTER]. — Individu jeune vu en dessous pour
montrer le sillon antérieur. — *b)* Le même, vu de côté, pour montrer les deux légers sillons latéraux. — *c)* Partie supérieure du
même. — *d)* Individu plus âgé, commençant à s'atténuer à sa
partie postérieure. — *e)* Individu au maximum connu de son
accroissement. — *f)* Individu adulte, usé longitudinalement, pour
montrer, par les lignes d'accroissement, l'instant où les couches
s'appliquent seulement à l'extrémité et changent l'ensemble cla-
viforme en une extrémité très atténuée. Cette figure indique de
plus la longueur de la cavité. D'Orbigny, Pal. fr., Terr. crét., t. I,
Paris, 1840, p. 55, pl. 5, fig. 3, 4, 5, 6, 8 et 9.

7.₃₆. — *Plicatula radiola* LAMARCK (= *Plicatula pectinoides* SOWERBY). Sowerby,
The Mineral Conchology, London, 1825, vol. V, pl. CDIX, fig. 1.

8.₃₆. — *Trochocyathus conulus* PHILLIPS. H. Milne Edwards et J. Haime, A Monograph of the British Fossil Corals, in Palæontographical Society,
London, 1850, pl. XI, fig. 5 et 5 a.

9.₃₆. — *Nucula pectinata* SOWERBY. D'Orbigny, Pal. fr., Terr. crét., t. III, Paris,
1843, p. 177, pl. 303, fig. 8, 9 et 13.

10.₃₆. — *Hamites rotundus* SOWERBY. — *a)* Individu entier, gr. nat. — *b)* Coupe
transversale. D'Orbigny, Pal. fr., Terr. crét., t. I, Paris, 1840,
p. 536, pl. 132, fig. 1 et 4.

11.₃₆. — *Hoplites (Leymeriella) regularis* [BRUGUIÈRE]. — *a)* et *b)* Individu, gr.
nat., avec son test. — *c)* Suture grossie. D'Orbigny, Pal. fr., Terr.
crét., t. I, Paris, 1840, p. 245, pl. 71, fig. 1, 2 et 3.

12.₃₆. — *Inoceramus concentricus* Parkinson. — *a)* Individu entier vu par la valve droite. — *b)* Valve gauche d'un autre individu. — *c)* Vue dorsale de cette même valve gauche. Henry Woods, A. Monograph of the Cretaceous Lamellibranchia of England. Vol. II, London, 1904-1913, Palæontographical Society, p. 265, pl. XLVI, fig. 1, 3 a et 3 b.

13.₃₆. — *Hoplites Deluci* [Al. Brongniart]. — *a)* et *b)* Variété épaisse, gr. nat. de la Perte du Rhône. — *c)* Variété étroite, gr. nat., de la Perte du Rhône. — *d)* et *e)* Grand échantillon de la même espèce, à côtes peu nombreuses, du Saxonet. F. J. Pictet, Description des Mollusques fossiles qui se trouvent dans les grès verts des environs de Genève. Mém. Soc. phys. et hist. nat. de Genève, t. XI, 2e partie, 1846, pl. 6, fig. 3 a, 3 b, 4 b, 5 a et 5 b.

14.₃₆. — *Acanthoceras Lyelli* [Leymerie]. — *a)* et *b)* Individu, gr. nat. — *c)* Très jeune individu, à l'instant où, de lisse qu'il est, il commence à prendre les côtes. D'Orbigny, Pal. fr., Terr. crét., t. 1, Paris, 1840, p. 255, pl. 74, fig. 1, 2 et 5.

15.₃₆. — *Hoplites tuberculatus* [Sowerby]. — *a)* et *b)* Individu adulte, gr. nat.— *c)* Jeune individu. D'Orbigny, Pal. fr., Terr. crét., t. 1, Paris, 1840, p. 232, pl. 66, fig. 1, 2 et 5

16.₃₆. — *Hoplites splendens* [Sowerby]. Individu un peu réduit. D'Orbigny, Pal. fr., Terr. crét., t. 1, Paris, 1840, p. 222, pl. 63. fig. 1 et 2.

17.₃₆. — *Solarium ornatum* Fitton. — *a)* Individu avec son test, vu du côté de l'ombilic. — *b)* Le même, vu du côté de la spire. — *c)* Le même, vu de profil. D'Orbigny, Pal. fr., Terr. crét., t. II, Paris, 1842, p. 199, pl. 180, fig. 1, 2 et 3.

18.₃₆. — *Trigonia daedalea* Parkinson. — A. Briart et F. L. Cornet, Description minérale, géologique et paléontologique de la Meule de Bracquegnies. 1865. Mémoires couronnés publiés par l'Académie royale de Belgique, t. XXXIV, 1867-1870, pl. VI, fig. 1, 2 et 3.

19.₃₆. — *Inoceramus sulcatus* Parkinson. — *a)* Valve gauche. — *b)* Valve droite. *c)* Vue dorsale. Henry Woods, A Monograph of the Cretaceous Lamellibranchia of England ; vol. II, London, 1904-1913, Palæontographical Society, p. 269, pl. XLVII, fig. 15 a, 15 b, 15 c.

20.₃₆. — *Mortoniceras (Schlœnbachia) inflatum* [Sowerby]. — *a)* et *b)* Individu de taille moyenne. — *c)* Suture grossie. D'Orbigny, Pal. fr., Terr. crét., t. 1, Paris, 1840, p. 304, pl. 90, fig. 1, 2 et 3.

21.₃₆. — *Turrilites Bergeri* Al. Brongniart. — *a)* Individu senestre. — *b)* Le même, vu en dessus, pour montrer l'ombilic. D'Orbigny, Pal. fr., t. 1, Paris, 1840, p. 590, pl. 143, fig. 3 et 4.

37 — CÉNOMANIEN

1.₃₇. — *Turrilites tuberculatus* Bosc. Individu gr. nat.; il devient plus du double en longueur. D'Orbigny, Pal. fr., Terr. crét., t. I, Paris, 1840, p. 593, pl. 144, fig. 1.

2.₃₇. — *Orbitolina concava* Lamarck. Section grossie 15 fois et fragment grossi 45 fois. Martin, Untersuchungen über den Bau von Orbitolina (Patellina nuctorum) von Borneo. Samml. des Géol. Reichs Museums. Tafel XXIV, fig. 10 a et 10 b.

3.₃₇. — *Ptychodus polygyrus* Agassiz. — a) Dent vue par la couronne à sillons transversaux, gr. nat. — b) La même dent vue de côté. Karl A. von Zittel. Grundzüge der Palæontologie. München et Leipzig, 1895, p. 545, fig. 1465.

4.₃₇. — *Schlœnbachia varians* [Sowerby]. — a) Individu renflé, 1/2 gr. nat. — b) et c) Individu comprimé, 1/2 gr. nat — d) Suture grossie. D'Orbigny, Pal. fr., Terr. crét., t. I, Paris, 1840, p. 311, pl. 92, fig. 2, 3, 4 et 6.

5.₃₇. — *Salenia (Cidaris) scutigera* [Munster]. — a) Face supérieure, grossie 3 fois. — b) Vue de côté. — c) Gr. nat. Goldfuss, Petrefacta Germaniæ, Dusseldorf, 1826-1833, p. 121, pl. XLIX, fig. 4 a b.

6.₃₇. — *Acanthoceras Mantelli* [Sowerby] (= *Acanthoceras navicularis* [Mantell]). D'Orbigny, Pal. fr., Terr. crét., t. I, Paris, 1840, p. 340, pl. 103.

7.₃₇. — *Pecten asper* [Lamarck]. Individu de grande taille. Les oreilles du bord cardinal sont en partie détruites, mais toutes les épines qui hérissent les côtes sont remarquablement conservées. Bayle, Explic. carte géol. de Fr., Paris, 1878, pl. CXXII, fig. 1.

8.₃₇. — *Epiaster crassissimus* [Defrance]. — a) Individu, de grandeur un peu réduite, vu en dessus — b) Le même, vu en dessous. — c) Le même, vu de côté. D'Orbigny, Pal. fr.. Terr. crét., t. VI, Echinodermes. Paris, 1853-1855, p. 194, pl. 860, fig. 1, 2 et 3.

9.₃₇. — *Holaster suborbicularis* Agassiz. — a) Profil longitudinal. — b) Dessus. — c) Dessous. — Cotteau et Triger, Echinides du département de la Sarthe, 1855-1869, p. 198, pl. 33, fig. 1, 2 et 3.

10.₃₇. — *Holaster nodulosus* Goldfuss (= *Holaster laevis* De Luc). Goldfuss, Petrefacta Germaniæ, Dusseldorf, 1826-1833, pl. XLV, fig. 6 a b c. gr. nat.

11.₃₇. — *Exogyra conica* Sowerby (= *Exogyra columba minor* [Deshayes]). — a) et b) Individu jeune. — c) et d) Individu adulte. Goldfuss, Petrefacta Germaniæ, Dusseldorf, 1834-1840, p. 36, pl. LXXXVII, fig. 1 a b c d.

12.₃₇. — *Alectryonia carinata* [Lamarck]. Echantillon du Laboratoire de Géologie de la Faculté des Sciences de Paris, provenant du Mans, reproduit d'après Palæontologia universalis, série III, fascicule II, pl. 197, fig. P₁, P₁a et P₁b.

13.₃₇. — *Caprina adversa* d'Orbigny. — *a)* Coquille avec ses deux valves, réduite au 1/9 de gr. nat., avec des parties de test enlevées à la valve supérieure pour montrer les canaux intérieurs. — *b)* Autre individu réduit, de la variété à spirale élevée. — *c)* Bord de la valve supérieure d'un individu adulte. D'Orbigny, Pal. fr. Terr. crét. tome IV, Paris 1847, p. 182, pl. 536.

14.₃₇. — *Agria (Radiolites) triangularis* [d'Orbigny]. — *a)* Individu, gr. nat., vu de côté. — *b)* Le même avec les deux valves, vu en dessus. D'Orbigny, Pal. fr., Terr. crét., t. IV, Paris, 1847, p. 202, pl. 546, fig. 1 et 2.

15.₃₇. — *Caprinella (Ichthyosarcolithes) triangularis* [Desmarets]. — *a)* Individu restauré montrant les deux valves réunies ; l'une petite, sur laquelle sont enlevées des parties de test pour montrer les canaux capillaires ; l'autre grande, valve inférieure, partie avec son test, partie où le test est enlevé, et plus loin le moule intérieur. — *b)* Coupe transversale d'une valve inférieure. D'Orbigny, Pal. fr., Terr. crét., t. IV, Paris, 1847, p. 192, pl. 542, fig. 1 et 3.

16.₃₇. — *Acanthoceras rothomagense* [Al. Brongniart]. Individu dont le dernier tour porte des côtes simples tuberculeuses ; provenant de la Montagne Sainte-Catherine, Rouen. Bayle, Explic. Carte géol. de Fr., Paris, 1878, pl. LXIII, fig. 1.

17.₃₇. — *Codiopsis (Echinus) doma* [Desmarets in Defrance]. — *a)* Profil longitudinal. — *b)* Dessus. — *c)* Dessous. Cotteau et Triger, Echinides du département de la Sarthe, Paris, 1855-1869, p. 162, pl. 29, fig. 1, 2 et 3.

18.₃₇. — *Terebratella Menardi* [Lamarck]. — *a)* Gr. nat. — *b)* Intérieur d'une valve dorsale grossie. — *c)* Intérieur d'une valve ventrale grossie. Th. Davidson, A Monograph of British Cretaceous Brachiopoda, Palæontographical Society, London, 1852, vol. I, Part. I, pl. 3, fig. 35, 40 et 41.

19.₃₇. — *Trigonia sulcataria* Lamarck — *a)* Individu gr. nat. — *b)* Le même, vu sur les crochets. — *c)* Intérieur d'une valve. D'Orbigny, Pal. fr., Terr. crét., t. III, Paris, 1843, p. 150, pl. 294, fig. 5, 6 et 7.

20.₃₇. — *Hemiaster bufo* [Al. Brongniart]. — *a)* Individu jeune, vu de côté. — *b)* Le même, face supérieure. — *c)* Le même, face inférieure. — *d)* Face supérieure grossie. Cotteau. Echinides fossiles du département de l'Yonne, t. II, Terr. crét., Paris, 1857-1878, p. 257, pl. 69, fig. 9, 10, 11 et 12.

21.₃₇. — *Holaster subglobosus* [Leske]. — *a)* Vu en dessus, gr. nat. — *b)* Vu en dessous. — *c)* Profil longitudinal. D'Orbigny, Pal. fr., Terr. crét., t. VI, Paris, 1853-1855, p. 97, pl. 816, fig. 1, 2 et 3.

22.₃₇. — *Anorthopygus (Nucleolites) orbicularis* [Gratelour]. — *a)* Profil longitudinal. — *b)* Face supérieure. — *c)* Face inférieure. Cotteau et Triger, Echinides du département de la Sarthe, Paris, 1855-1869, p. 177, pl. 31, fig. 1, 2 et 3.

23.₃₇. — *Discoidea (Galerites) cylindrica* [Lamarck]. — *a)* Profil longitudinal. — *b)* Face supérieure. — *c)* Face inférieure. Cotteau, Pal. fr., Terr. crét. VII, Paris, 1862-1867, p. 28, pl. 1010, fig. 1, 2 et 3.

24.₃₇. — *Actinocamax plenus* [de Blainville]. — *a)* Vue dorsale d'un spécimen brisé à hauteur du sommet de l'alvéole. — *b)* Bout brisé de l'alvéole. Scharpe, Description of the Fossil remains of Mollusca found in the Chalk of England, Palæontographical Society, London, 1853-1909, p. 9, pl. I, fig. 15 a et 15 b.

25.₃₇. — *Scaphites aequalis* Sowerby. D'Orbigny, Pal. fr., Terr. crét., t. I, Paris, 1840, p. 518, pl. 129, fig. 1 et 2

26.₃₇. — *Turrilites costatus* Lamarck. Portion d'un jeune individu dont le test n'est pas conservé. Bayle, Explic. Carte géol. de Fr., Paris, 1878, pl. XCIX, fig. 5.

27.₃₇. — *Exogyra flabellata* [Goldfuss]. — *a)* Individu réduit d'un tiers. Surface externe de la valve droite. On remarque au crochet de cette valve une assez large surface lisse à partir de laquelle naissent les côtes rayonnantes qui caractérisent cette espèce. — *b)* Valve gauche d'un autre individu. La région cardinale présente la surface lisse par laquelle la coquille était fixée. Bayle, Explic. Carte géol. de Fr., Paris, 1878, pl. CXXXIII, fig. 1 et 2.

28.₃₇. — *Inoceramus cuneiformis* d'Orbigny. — D'Orbigny, Pal. fr., Terr. crét., t. III, Paris, 1843, p. 512, pl. 407.

29.₃₇. — *Neithea quinquecostata* [Sowerby]. Goldfuss, Petrefacta Germaniæ, Dusseldorf, 1834-1840, p. 55, pl. XCIII, fig. 1 a b (valve gauche, gr. nat.).

30.₃₇. — *Pycnodonta (Ostrea) biauriculata* [Lamarck]. — *a)* Individu de la variété large. — *b)* Intérieur d'une valve. — *c)* Coupe d'un échantillon épais, pour montrer l'épaisseur extraordinaire de la valve inférieure. D'Orbigny, Pal. fr., Terr. crét., t. III, Paris, 1843, p. 719, pl. 476, fig. 1, 2, 4 et 5.

38 — TURONIEN

1.$_{38}$. — *Mammites nodosoides* [SCHLOTHEIM]. — *a)* Exemplaire comprimé, vu par la bouche, au tiers gr. nat. — *b)* Le même, vu de côté. Schlüter, Cephalopoden der oberen deutschen Kreide, in Palæontographica, Cassel, 1871, p. 19, pl. 8, fig. 1 et 2.

2.$_{38}$. — *Rhynchonella Cuvieri* D'ORBIGNY. D'Orbigny, Pal. fr., Terr. créat., t. IV, Paris, 1847, p. 39, pl. 497, fig. 11 à 16.

3.$_{38}$. — *Terebratula semiglobosa* SOWERBY. Sowerby, The Mineral Couchology, London, 1812, vol. 1, pl. XV, fig. 9.

4.$_{38}$. — *Ptychodus decurrens* AGASSIZ. Agassiz, Recherches sur les Poissons fossiles, t. III, Neuchâtel, 1836, p. 154; atlas, pl. 25 *b*, fig. 7 et 7^1.

5.$_{38}$. — *Inoceramus labiatus* [SCHLOTHEIM] (= *Inoceramus problematicus* D'ORBIGNY). — *a)* et *b)* Individu adulte. — *c)* Charnière d'un individu jeune. D'Orbigny, Pal. fr., Terr. crét., t. III, Paris, 1843, p. 510, pl. 406, fig. 6 et 7.

6.$_{38}$. — *Biradiolites cornu pastoris* D'ORBIGNY. — *a)* Individu contourné, gr. nat., vu du côté des bandes. — *b)* Le même, vu en dessus, où la valve supérieure altérée, sans sa couche supérieure, est alors lisse. D'Orbigny, Pal. fr., Terr. crét., t. IV, Paris, 1847, p. 231, pl. 573, fig. 1 et 2.

7.$_{38}$. — *Terebratulina gracilis* [SCHLOTHEIM]. — *a)* Individu gr. nat. — *b)* et *c)* Individu grossi. — *d)* Valve dorsale, vue intérieure, grossie. Th. Davidson, A Monograph of British Cretaceous Brachiopoda, Palæontographical Society, 1852, vol. 1, Part. 1, pl. 2, fig. 13 a b, 14 et 15 a.

8.$_{38}$. — *Pachydiscus peramplus* [MANTELL]. Individu 2/3 gr. nat. D'Orbigny, Pal. fr., Terr. crét., t. I, Paris, 1840, p. 333, pl. 100, fig. 1 et 2.

9.$_{38}$. — *Cyclolites elliptica* LAMARCK. Hardouin Michelin, Iconographie zoophytologique, Paris, 1840-1847, pl. 64, fig. 1 a.

10.$_{38}$. — *Actaeonella crassa* [DUJARDIN]. — *a)* Individu, gr. nat., dont la bouche est restaurée. — *b)* Coupe transversale pour montrer la largeur des tours D'Orbigny, Pal. fr., Terr. crét., t II, Gastéropodes, Paris, 1842, p. 111, pl. 166, fig. 1 et 3.

11.$_{38}$. — *Trigonia scabra* LAMARCK. Cossmann, Sur l'évolution des Trigonies, Annales de Paléontologie (Marcellin Boule), 1912, t. VII, fasc. II, pl. VI, fig. 7, 8, 9, gr. nat.

12.$_{38}$. — *Acanthoceras deverianum* [D'ORBIGNY]. Individu réduit. D'Orbigny, Pal. fr., Terr. crét., t. I, Paris, 1840, p. 356, pl. 110, fig. 1 et 2.

13.$_{38}$. — *Acanthoceras papale* [D'ORBIGNY]. Individu réduit. D'Orbigny, Pal. fr., Terr. crét., t. I, Paris, 1840, p. 354, pl. 109, fig. 1 et 2.

14.₃₈. — *Echinoconus subrotundus* [Mantell]. — *a)* Dessus, gr. nat. — *b)* Dessous. — *c)* Profil longitudinal. D'Orbigny, Pal. fr., Terr., crét., t. VI, Paris, 1853-1855, p 517, pl. 997, fig. 8, 9 et 10.

15.₃₈. — *Micraster Leskei* d'Orbigny (= *Micraster breviporus* Agassiz). — *a)* Dessus, gr. nat. — *b)* Dessous. — *c)* Profil longitudinal. — *d)* Ambulacres grossis. D'Orbigny, Pal. fr , Terr. crét., t. VI, Paris, 1853-1855, p. 215, pl. 869, fig. 1, 2, 3 et 6.

16.₃₈. — *Exogyra (Rhynchostreon) columba* [Lamarck]. — *a)* Valve inférieure, gr. nat. — *b)* Valve supérieure. Figures extraites de Palæontologia universalis, série III, fasc. II, pl. 190, fig. H₁ et H₂. — *c)* Détails de la charnière. Jourdy, Hist. nat. des Exogyres, Annales de Paléontologie (Marcellin Boule), t. XIII, 1924, p. 75, pl. III, fig. 2.

17.₃₈. — *Inoceramus Brongniarti* Mantell (= *Inoceramus Lamarcki* Parkinson). *a)* Exemplaire de petite taille. — *b)* Charnière. Goldfuss, Petrefacta Germaniæ, Dusseldorf, 1834-1840, p. 115, pl. CXI, fig. 3 a et 3 d.

18.₃₈. — *Spondylus spinosus* Deshayes. — *a)* Valve droite. — *b)* Détail grossi de cette valve droite. — *c)* Valve gauche. — *d)* Détail grossi de cette valve gauche. Goldfuss, Petrefacta Germaniæ, Dusseldorf, 1834-1840, p. 95, pl. CV, fig. 5 a b c d.

19.₃₈. — *Hippurites cornu vaccinum* Bronn (= *Sphærulites bioculata* des Moulins). — *a)* Individu jeune, réduit. — *b)* Coupe longitudinale d'un autre individu pour montrer la place respective des deux valves, la cavité occupée par l'animal, et surtout les petites cloisons inférieures successives placées par l'animal au fur et à mesure de l'accroissement de la coquille. — *c)* Une valve inférieure, vue en dedans. D'Orbigny, Pal. fr., Terr. crét., t. IV, Paris, 1847, p. 162, pl. 526, fig. 1 et pl. 527, fig. 1 et 2. — *d)* Vue de la valve supérieure d'un échantillon de Nagelwand, grossie 1 fois 1/2 (Musée de Munich). H. Douvillé. Etudes sur les Rudistes, Mém. Soc. géol. de Fr., Paléontologie, nº 6, 1890, pl. XXXI, fig. 2.

39 — CONIACIEN 〉 EMSCHÉRIEN = SÉNONIEN INFÉRIEUR

1.₃₉. — *Micraster brevis* Desor. — *a)* Dessus. — *b)* Dessous. — *c)* Profil longitudinal. Henry. Wright, Monograph of the British Fossil Echinodermata from the Cretaceous Formations. Vol. I. 1864-1882, London, Palæontographical Society, p. 339, pl. LXXV, fig. 3 a, 3 b et 3 c.

2.₃₉. — *Epiaster (Micraster) gibbus* [Lamarck]. — *a)* Dessus. — *b)* Dessous. — *c)* Profil longitudinal. — *d)* Appareil apical grossi. Henry, Wright, Monograph of the British Fossil Echinodermata from the Cretaceous Formations. Vol. I, 1864-1882, London, Palæontographical Society, p. 267, pl. LXIII, fig. 1 a b c f.

3.₃₉. — *Echinoconus conicus* Breynius (= *Galerites albogalerus* Lamarck). Goldfuss, Petrefacta Germaniæ, Dusseldorf, 1826-1833, p 127, pl. XL, fig. 19 a b, gr. nat.

4.₃₉. — *Echinocorys gibba* [Lamarck]. — *a)* Individu vu de côté pour montrer sa forme surélevée, et rétrécie vers la face inférieure. L'appareil apical et toutes les plaquettes vertébrales et costales sont distincts. Bayle, Explic. Carte géol. de Fr., Paris, 1878, pl CLV, fig. 1 et 2.

5.₃₉. — *Micraster cortestudinarium* [Goldfuss (= *Micraster decipiens* Bayle). *a)* Individu vu par la face supérieure ; l'appareil apical est très distinct. — *b)* Autre individu vu par la face inférieure, montrant le péristome, le périprocte et le fasciole sous-anal. Bayle, Explic. Carte géol. de Fr., Paris, 1878, pl. CLVI, fig. 1 et 2.

6.₃₉. — *Sphenodiscus Ubaghsi* A. de Grossouvre. — *a)* Fragment d'un individu (Coll. A. de Grossouvre) vu de côté pour montrer que les flancs sont lisses et donner le dessin des cloisons. — *b)* Section du précédent. A. de Grossouvre. Recherches sur la craie supérieure ; Mém. pour l'explic. Carte géol. détaillée de la France, 1893, 2ᵉ partie. Atlas, pl. IX, fig. 4 a et 4 b (Maurens, Dordogne).

7.₃₉. — *Tissotia Robini* [Thiollière] emend. A. de Grossouvre. — *a)* Individu de taille moyenne (Coll. de la Sorbonne) vu de côté pour montrer le dessin des cloisons et l'ornementation de cette espèce qui disparaît avec l'âge. — *b)* Le même, vu du côté ventral pour montrer la forme de la section des tours, qui est subtrapézoïdale au commencement du dernier tour et ogivale à son extrémité. A. de Grossouvre, Recherches sur la craie supérieure ; Mém. pour l'explic. Carte géol. détaillée de la Fr., 1893, 2ᵉ partie, Atlas, pl. IV, fig. 1 a et 1 b (Dieulefit, Drôme).

8.₃₉. — *Tissotia haplophylla* [Redtenbacher]. — *a)* Individu de petite taille, vu de côté pour montrer les côtes flexueuses partant des tubercules ombilicaux qui constituent l'ornementation de cette espèce. — *b)* Le même, vu du côté ventral pour faire voir la section des tours qui est trapézoïdale, le bord ventral tendant à se déprimer de plus en plus à mesure que la coquille se développe. A. de Grossouvre. Recherches sur la craie supérieure ; Mém. pour l'explic. Carte géol. détaillée de la Fr., 1893, 2ᵉ partie, Atlas, pl. IV, fig. 3 a et 3 b (Saint-Hilaire-de-Jonzac, Charente-Inférieure).

9.₃₉. — *Barroisia Haberfellneri* [F. v. Hauer]. — *a)* Individu (Coll. Arnaud) bien conforme au type de l'espèce ; vu de côté, montrant le stade moyen de développement ; les côtes ombilicales encore visibles au commencement du dernier tour se transforment sous l'extrémité de celui-ci en tubercules allongés. — *b)* Le même, vu du côté ventral pour montrer la carène dentelée et les variations de forme du bord externe, d'abord terminé en un biseau obtus et devenant méplat à l'extrémité du dernier tour. A. de Grossouvre, Recherches sur la craie supérieure. Mém. pour l'explic. Carte géol. détaillée de la Fr., 1893, 2ᵉ partie, Atlas, pl. I, fig. 1 a et 1 b (Les Eyzies, Dordogne).

10.₃₉. — *Lima ovata* Rœmer D'Orbigny, Pal. fr., Terr. crét., t. III, Paris, 1843 pl. 421, fig. 16 et 17.

11.₃₉. — *Orbignya (Hippurites) socialis* [Douvillé]. — *a)* Valve supérieure de l'échantillon type, grossie 2 fois. — *b)* Section du même échantillon grossie 2 fois. — *c)* Valve inférieure d'un autre individu, vue de côté, gr. nat. H. Douvillé, Etudes sur les rudistes ; Mém. Soc. géol. de Fr., Paléontologie, nᵒ 6, 1890, pl. XII, fig. 1, 2 et 4.

12.₃₉. — *Rhynchonella vespertilio* D'Orbigny. — D'Orbigny, Pal. fr., Terr. crét. t. IV, Paris, 1847, p. 44, pl. 499, fig. 1, 2, 3 et 4.

40 — SANTONIEN ⟩ EMSCHÉRIEN = SÉNONIEN INFÉRIEUR

1.40. — *Marsupites ornatus* MILLER. Dixon, The Geology of Sussex, Brighton, 1878, p. 376, pl. XX, fig. 10, 10 a et 10 b.

2.40. — *Exogyra Matheroni* [D'ORBIGNY]. — *a)* et *b)* Deux valves montrant les variations du sillon de la charnière Jourdy, Hist. nat. des exogyres, Ann. de Paléont. (Marcellin Boule), t. XIII, 1924, pl. III, fig. 1. — *c)* Valve gauche d'un autre individu présentant les côtes irrégulièrement épineuses dont sa surface est ornée. Bayle, Explic. Carte géol. de Fr., Paris, 1878, pl. CXXXIV, fig. 2.

3.41. — *Schlœnbachia (Mortoniceras) texana* [RŒMER]. — *a)* Individu de grande taille. gr. nat. (Coll. Toucas), vu de côté pour montrer les cinq rangées de tubercules qui caractérisent cette espèce. — *b)* Vue ventrale du même. A. de Grossouvre, Recherches sur la craie supérieure : Mém. pour l'explic. Carte géol. détaillée de la Fr., 1893, 2e partie, Atlas. pl. XVII. fig. 1 a b.

4.10. — *Cidaris clavigera* KŒNIG. — *a)* Profil. — *b)* Dessous. — *c)* Dessus. — *d)* Portion des ambulacres grossie Cotteau. Pal. fr., Terr. crét., t. VII, Paris, 1862-1867. p. 285, pl. 1069. fig. 1, 2, 3 et 4.

5.41. — *Micraster coranguinum* [KLEIN]. — *a)* Dessus, gr. nat. — *b)* Dessous. *c)* Profil longitudinal. D'ORBIGNY. Pal. fr., Terr. crét., t. VI, Paris, 1853-1855, p. 97, pl. 816, fig. 1, 2 et 3.

6.41. — *Inoceramus involutus* SOWERBY. Individu au quart de gr. nat. Gosselet, Esquisse géol. du Nord de la France, Lille, 1883. 3e fasc., pl. XXII, fig. 4.

7.40. — *Alectryonia santonensis* [D'ORBIGNY]. — *a)* Individu vu par la valve supérieure. — *b)* Le même, vu de côté. D'Orbigny, Pal. fr., Terr. crét., t. III, Paris, 1843. p. 736, pl. 484, fig. 1 et 2, 1/2 gr. nat.

8.10. — *Alectryonia frons* [PARKINSON]. — *a)* Individu adulte, gr. nat., vu par la valve supérieure. — *b)* Le même, vu de côté. — *c)* Coupe des deux valves réunies, à moitié de leur longueur. D'Orbigny, Pal. fr., Terr. crét, t. III, Paris, 1843. p. 733, pl. 483, fig. 1, 2 et 4.

41 — CAMPANIEN } ATURIEN = SÉNONIEN SUPÉRIEUR

1.₄₁. — *Rhynchonella difformis* [Lamarck] (= *Rhynchonella deformis* [Defrance]). D'Orbigny, Pal. fr., Terr. crét., t. IV, Paris, 1847-1849, p. 41, pl. 498, fig. 6, 7 et 8.

2.₄₁. — *Hemiaster prunella* [Lamarck]. — *a)* Grandeur naturelle. — *b)* Individu grossi, dessus. — *c)* Dessous. — *d)* Profil longitudinal. D'Orbigny, Pal. fr., Terr. crét., t. VI, Paris, 1853-1855, p. 242, pl. 881, fig. 1, 2, 3 et 4.

3.₄₁. — *Belemnitella (Gonioteuthis) quadrata* [Defrance]. — *a)* Individu de la plus grande taille connue, montrant la cavité du cône chambré qui présente la forme d'une pyramide à quatre faces, particularité caractéristique du genre gonioteuthis. — *b)* Le même, vu du côté ventral, pour montrer la brièveté du sillon ventral. Bayle, Explic. Carte géol. de Fr., Paris, 1878, pl. XXIII, fig. 6 et 8.

4.₄₁. — *Orbignya (Hippurites) radiosa* [Des Moulins]. — *a)* Groupe d'échantillons de Lamérac (Charente), 2/3 gr. nat. — *b)* Une valve supérieure, grossie 1 fois 1/2, du même gisement. H. Douvillé, Études sur les Rudistes ; Mém. Soc. géol. de Fr., Paléontologie, n° 6, 1890, pl. X, fig. 1 et pl. XI, fig. 1. .

5.₄₁. — *Orbignya (Hippurites) bioculata* [Lamarck]. Petite valve d'un exemplaire entièrement conforme au type de Lamarck, avec pores punctiformes sur toute la valve ; grossie 1 fois 2/3 (Coll. Toucas). A. Toucas, Études sur la classification et l'évolution des Hippurites ; Mém. Soc. géol. de Fr., Paléontologie, n° 30, 1903, pl. IV, fig. 7.

6.₄₁. — *Gryphaea (Pycnodonta) vesicularis* [Lamarck]. Individu de la forme normale. Cette espèce varie à l'infini suivant l'âge, les objets sur lesquels elle se fixe et les localités. D'Orbigny, Pal. fr., Terr. crét., t. III, Paris, 1843, p. 742, pl. 487, fig. 1 et 2.

7.₄₁. — *Ventriculites impressus* Toulmin Smith J. Toulmin Smith, On the Ventriculidæ of the Chalk, in the Annals and Magazine of Natural History, London, 1848, second series, vol. 1, p. 205, et 1847, vol. XX, pl. VIII, fig. 3.

8.₄₁. — *Orbitoides media* d'Archiac — *a)* Echantillon grossi 5 fois. — *b)* Section transversale, grossie 13 fois, forme B microsphérique. — *c)* Section transversale, grossie 13 fois, forme A mégasphérique. Ch. Schlumberger, Première note sur les Orbitoïdes ; Bull. Soc. géol. Fr., 4e série, 1, p. 459 à 467, pl. VII, fig. 1. 4 et 5. — *d)* Section équatoriale grossie, de la forme A mégasphérique. Gemmellaro (G. Checchia, Rispoli et M.), Prima nota orbitoidi del sistema cretaceo della Sicilia. Giornale di Sc. natur. econom. di Palermo, 1907, vol. 27, pl. 1, fig. 1.

9.₄₁. — *Inoceramus balticus* Böhm 1907 (= *Inoceramus Cripsi* Goldfuss nec Mantell). Goldfuss, Petrefacta Germaniæ, Dusseldorf, 1834-1840, p. 116, pl. CXII, fig. 4 b et 4 c gr. nat.

42 — MAESTRICHTIEN } ATURIEN = SÉNONIEN SUPÉRIEUR

1.₄₁. — *Natica (Nerita) rugosa* [HŒNINGHAUS]. Goldfuss, Petrefacta Germaniæ, Dusseldorf, 1841-1844, p. 119, pl. CXCIX, fig. 11 a b, gr. nat.

2.₄₂. — *Baculites anceps* LAMARCK. — *a)* Portion, gr. nat., d'un tronçon pourvu de côtes. — *b)* La bouche vue sur le dos. — *c)* La bouche vue sur le ventre. D'Orbigny. Pal. fr , Terr. crét., t. I, Paris, 1840, p. 565, pl. 139, fig. 3, 4 et 5.

3.₄₂. — *Belemnitella subventricosa* D'ORBIGNY. D'Orbigny, Paléont. universelle des Coquilles et des Mollusques ; 1845, pl. 31, fig. 7 à 10.

4.₄₂. — *Belemnitella mucronata* [SCHLOTHEIM]. — *a)* Rostre, vu en dessus, pour montrer les sillons latéraux. — *b)* Le même, vu en dessous, pour montrer la fente intérieure. — *c)* Ouverture, vue en dessus. D'Orbigny, Pal fr., Terr. crét., t. I. Paris, 1840, p. 63, pl. 7, fig. 1, 2 et 5.

5.₄₂. — *Melanopsis galloprovincialis* MATHERON. — Sandberger, Die Land und Süsswasser-Conchylien der Vorwelt ; Wiesbaden, 1870-1875, pl. IV, fig. 3 et 3 a.

6.₄₂. — *Hantkenia lyra* [MATHERON]. — Sandberger, Die Land und Süsswasser-Conchylien der Vorwelt ; Wiesbaden, 1870-1875, pl. IV, fig. 2 et 2 a.

7.₄₂. — *Turrilites polyplocus* [RŒMER]. Boule, Lemoine et Thévenin, Céphalopodes crétacés de Diégo-Suarez ; Annales de paléontologie, II, 1906, pl. XIV, fig. 1.

8.₄₂. — *Micraster Brongniarti* HÉBERT (= *Micraster coranguinum* [BRONGNIART] non KLEIN). Echantillon de la Collection de Morgan, Mus. Hist. Nat. de Paris, Galerie de paléontologie, reproduit d'après Palæontologia universalis, série III, fasc III, pl. 225, fig. T a, T b, T c.

9.₄₂. — *Terebratula carnea* SOWERBY. Sowerby, The Mineral Conchology, London, 1812, vol. I, pl. XV. fig. 5 et 6.

10.₄₂. — *Ananchytes ovata* LAMARCK (= *Echinocorys vulgaris* BREYNIUS). — *a)* Dessus. — *b)* Dessous. — *c)* Profil longitudinal. Goldfuss, Petrefacta Germaniæ, Dusseldorf, 1826-1833, p. 145, pl. XLIV, fig. 1 a b c, gr. nat.

11.₄₂. — *Ostrea acutirostris* NILSSON. Goldfuss. Petrefacta Germaniæ, Dusseldorf, 1834-1840, p. 25, pl. LXXXII, fig 3 a b, gr. nat.

12.₄₂. — *Ostrea larva* LAMARCK. Individu adulte, gr. nat. Goldfuss, Petrefacta Germaniæ, Dusseldorf, 1834-1840, p. 10, pl. LXXV, fig. 1 c, 1 d.

13.₄₂ — *Magas pumilus* Sowerby. — *a)* Trois aspects d'un même individu, gr. nat. — *b)* Une valve ventrale, grossie. — *c)* Une valve dorsale, grossie. — *d)* Ensemble des deux valves, grossi et vu de profil. D'Orbigny, Pal. fr., Terr. crét., t. IV, Paris, 1847, p. 54, pl. 501.

14.₄₂ — *Hemipneustes radiatus* [Lamarck]. — *a)* Individu. gr. nat., dessous. — *b)* Dessus. — *c)* Profil longitudinal. Goldfuss, Petrefacta Germaniæ, Dusseldorf, 1826-1833, p. 150, pl. XLVI, fig. 3 a b c.

15.₄₂. — *Thecidea papillata* Bronn (= *Thecidea radiata* Defrance). — *a)* Grandeur naturelle. — *b)* Une valve ventrale, vue par le dessous. — *c)* Profil. — *d)* Intérieur de la valve ventrale. — *e)* Intérieur d'une valve dorsale. — *f)* Cette même valve dorsale vue par la charnière. D'Orbigny, Pal. fr., Terr. crét., t. IV, Paris, 1847, p. 154, pl. 523, fig. 2, 3, 4, 5 et 7.

16.₄₂. — *Crania costata* Sowerby. Une valve ventrale. — *a)* Grandeur naturelle. *b)* Vue externe, grossie. — *c)* Vue interne, grossie. Goldfuss, Petrefacta Germaniæ, Dusseldorf, 1834-1840, p. 294, pl. CLXII, fig. 11.

17.₄₂. — *Crania parisiensis* Defrance. — *a)* Valve ventrale grossie. — *b)* Valve dorsale, gr. nat. et grossie. Goldfuss, Petrefacta Germaniæ, Dusseldorf, 1834-1840, p. 293, pl. CLXII, fig. 8 a b c d.

18.₄₂. — *Crania ignabergensis* Retzius. — *a)* Grandeur naturelle. — *b)* Dessus, grossi. — *c)* Dessous. — *d)* Profil. — *e)* Intérieur de la valve ventrale. — *f)* Intérieur de la valve dorsale. D'Orbigny Pal. fr., Terr., crét., t. IV, Paris, 1847, p. 144, pl. 523, fig. 1 à 6.

43 — DANIEN

1 .₄₃. — *Hercoglossa (Nautilus) danica* [SCHLOTHEIM]. — *a)* et *b)* Deux aspects d'un même individu adulte, gr. nat. — *c)* Autre individu brisé pour montrer la place du siphon. J. P. J. Ravn, Les Mollusques du Crétacé du Danemark, II, in Mém. de l'Académie Royale des Sc. et des Lettres du Danemark, 6e série, section des sciences, t. XI, Copenhague, 1902, pl. IV, fig. 3 a, 3 b et 4.

2 .₄₃. — *Cyclophorus Luneli* MATHÉRON. Bouche restaurée d'après Mathéron. Sandberger, Die Land und Süsswasser-Conchylien der Vorwelt ; Wiesbaden, 1870-1875, p. 103, pl. V, fig. 6 et 6 *a*.

3 .₄₃. — *Hantkenia armata* [MATHÉRON]. Sandberger, Die Land und Süsswasser-Conchylien der Vorwelt ; Wiesbaden, 1870-1875, p. 101, pl. V, fig. 13 et 13 a.

4 .₄₃. — *Cyrena garumnica* LEYMERIE. Sandberger, Die Land und Süswasser-Conchylien der Vorwelt ; Wiesbaden, 1870-1875, p. 109, pl. V. fig. 14 et 14 a.

5 .₄₃. — *Glauconia Coquandi* D'ORBIGNY. J. Repelin, Monographie de la faune saumâtre du Campanien inférieur du Sud-Est de la France (zone du plan d'Aups), Ann. Musée de Marseille, pl. 3, fig. 16, 17 et 18.

6 .₄₃. — *Ostrea lunata* NILSSON. Goldfuss, Petrefacta Germaniæ, Dusseldorf, 1634-1840, p. 11, pl. LXXV, fig. 2 a b c d.

7 .₄₃. — *Lychnus Matheroni* REQUIEN. — *a)* Individu, gr. nat. avec sa bouche, face supérieure. — *b)* Le même, face inférieure. — *c)* Autre exemplaire, face supérieure, montrant le détail de la spire deviée et rabattue sur le dernier tour. — *d)* Le même que *a)* vu de profil. Repelin et Parent, Monographie du genre Lychnus ; Mém. Soc. géol. Fr., Paléontologie, n° 53, 1920, t. XXIII, fasc. I, pl. I, fig. 11, 12, 13 et 14.

ERRATA

à la légende explicative du troisième fascicule

(Jurassique moyen et supérieur)

Page 8, alinéa 11.₂₄ : *Pleurotomaria granulata*
ajouter à la fin de cet alinéa :
... d'Orbigny, Paléontologie française, terrains jurassiques, Gastéropodes, vol. II, Paris, 1850, pl. 380, fig. 1, 2 et 3.

Page 16, alinéa 9.₂₇ : *Nucleolites (Echinobrissus) scutatus*
ajouter à la fin de cet alinéa
... Cotteau, Paléontologie française, terrains jurassiques, Echinides irréguliers, tome IX, Paris, 1867-1874, p 280, pl. 76, fig. 1, 2, 3 et 6.

Page 23, 2ᵉ alinéa : *au lieu de :* 28.₂₉, *mettre :* 23.₂₉
au lieu de : Fontanes, *lire :* Fontannes.

Page 24, 1ᵉʳ alinéa : 2ᵉ ligne : *au lieu de :* (non zigas), *lire :* (non gigas).

Page 24, alinéa 9. ₃₀ : *Asteracanthus* ...
ajouter à la fin de cet alinéa :
... Karl A. von Zittel, Grundzüge der Palæontologie, München und Leipzig, 1895, p. 550, fig. 1475 (Portland Kalk).

LAVAL. — IMPRIMERIE BARNÉOUD.

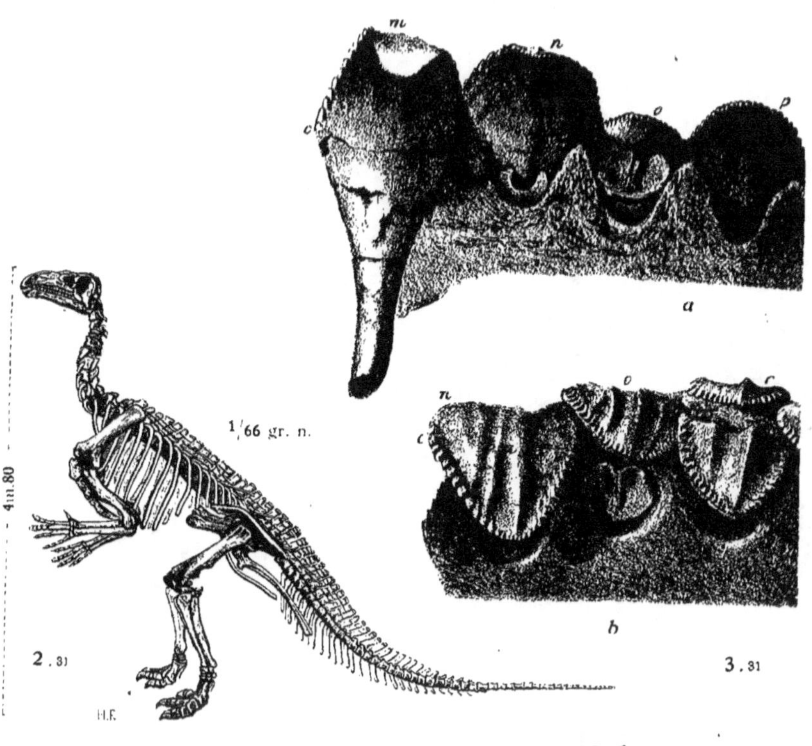

a

b

$1/66$ gr. n.

4m.80

2.31

3.31

H.F.

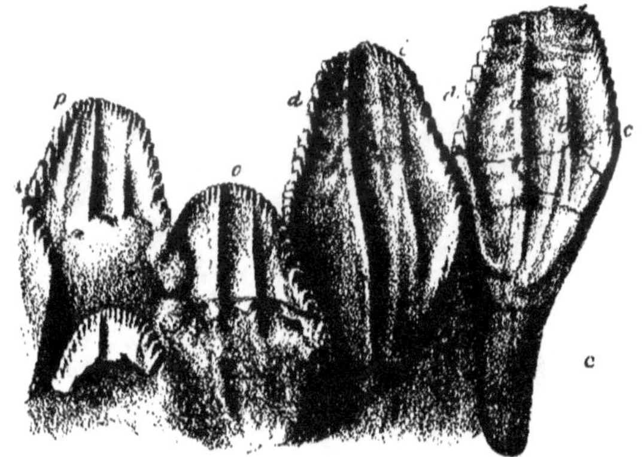

c

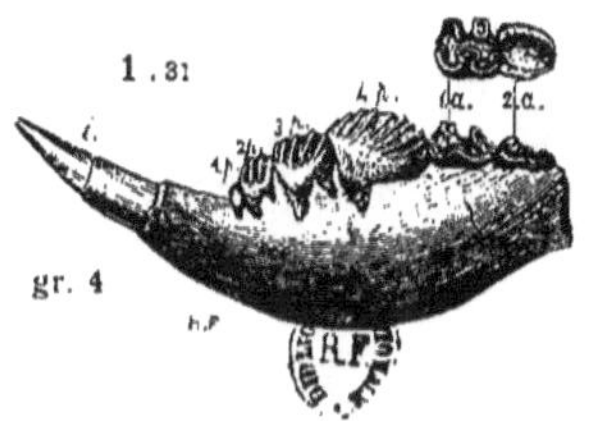

1.31

gr. 4

H.F.

Imp. Tortellier et Cie, Arcueil (Seine)

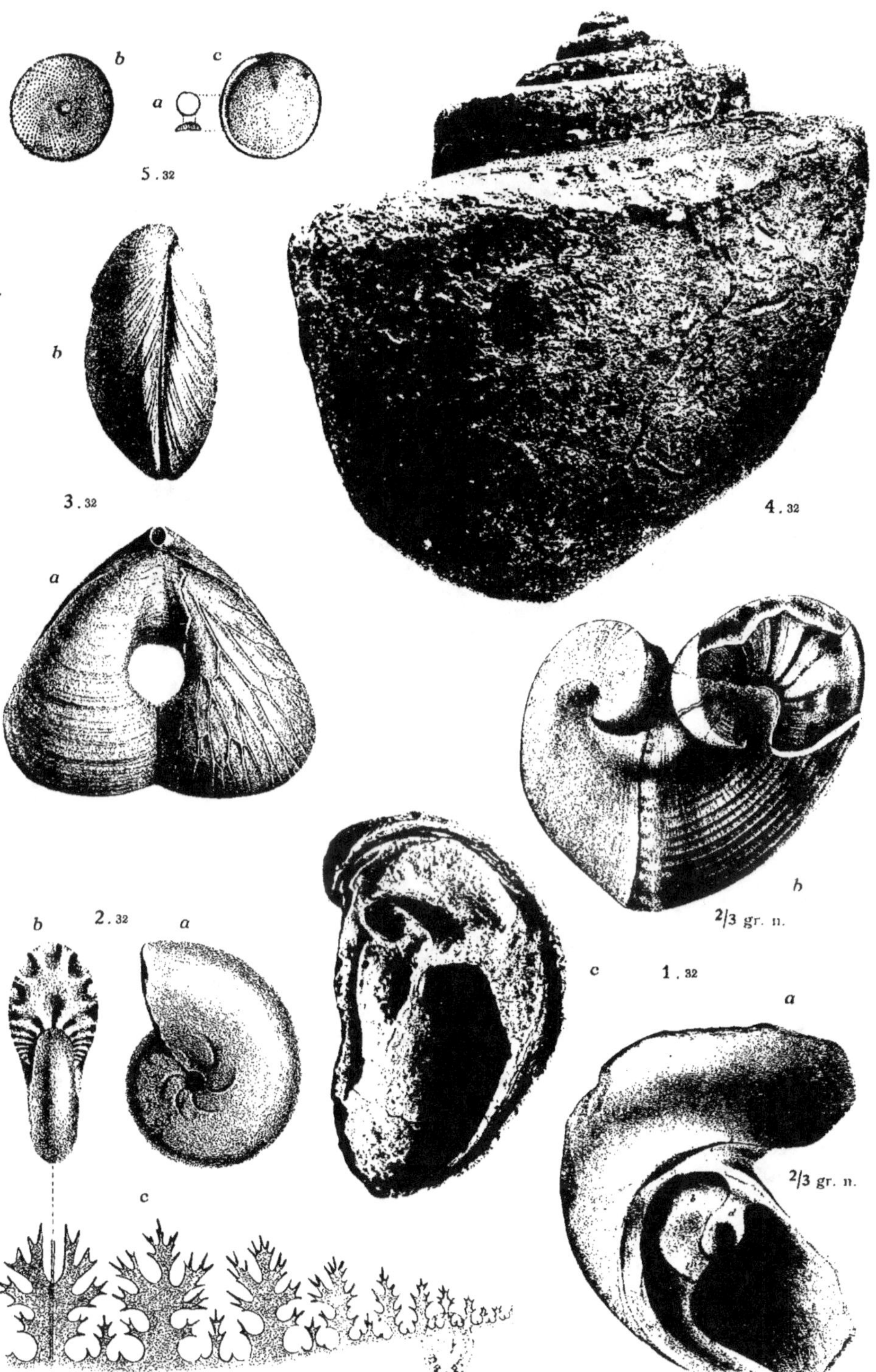

5.32

3.32

4.32

2.32

1.32

2/3 gr. n.

2/3 gr. n.

Imp. Tortellier et Cie, Arcueil (Seine)

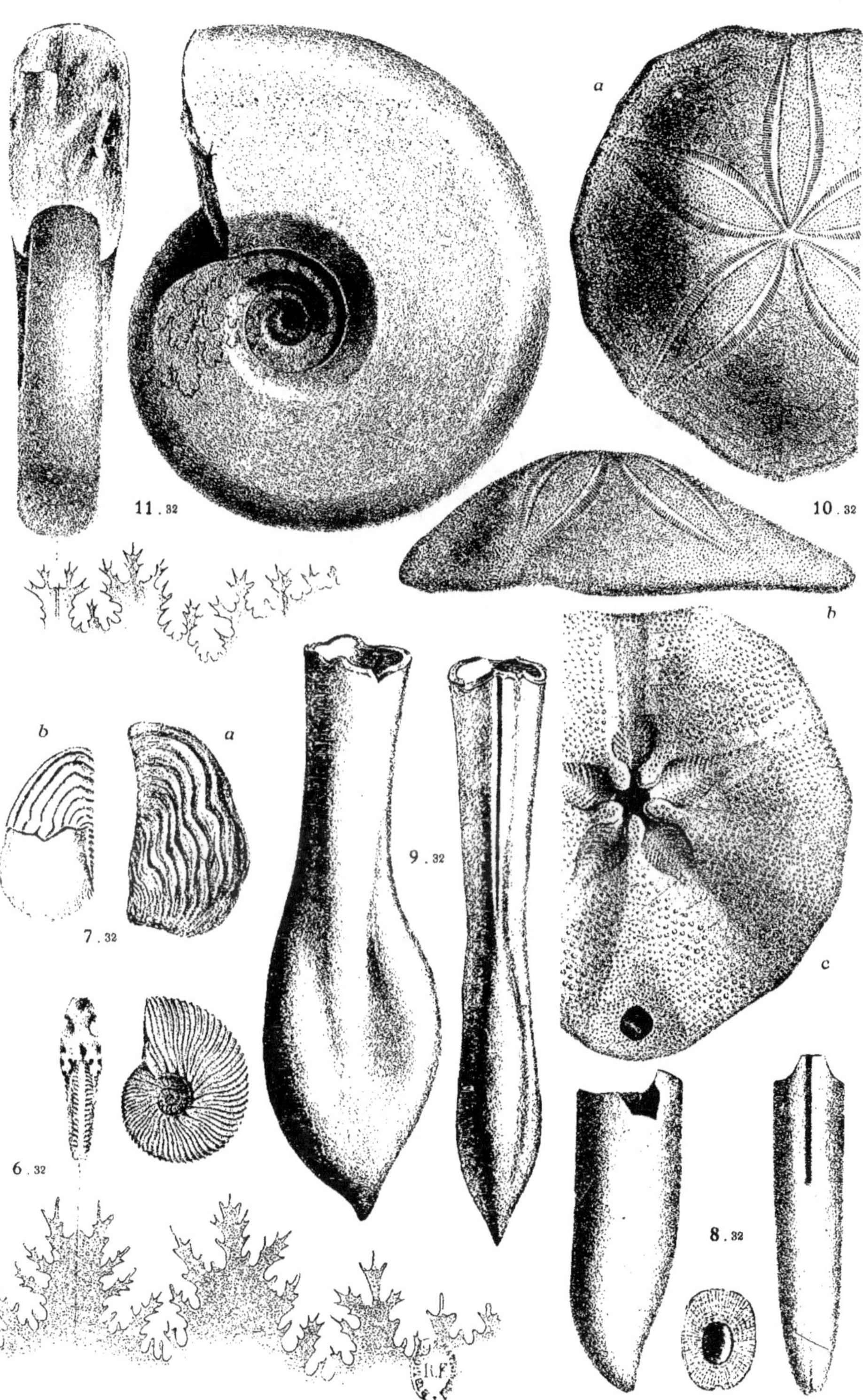

Imp. Tortellier et Cie. Arcueil (Seine)

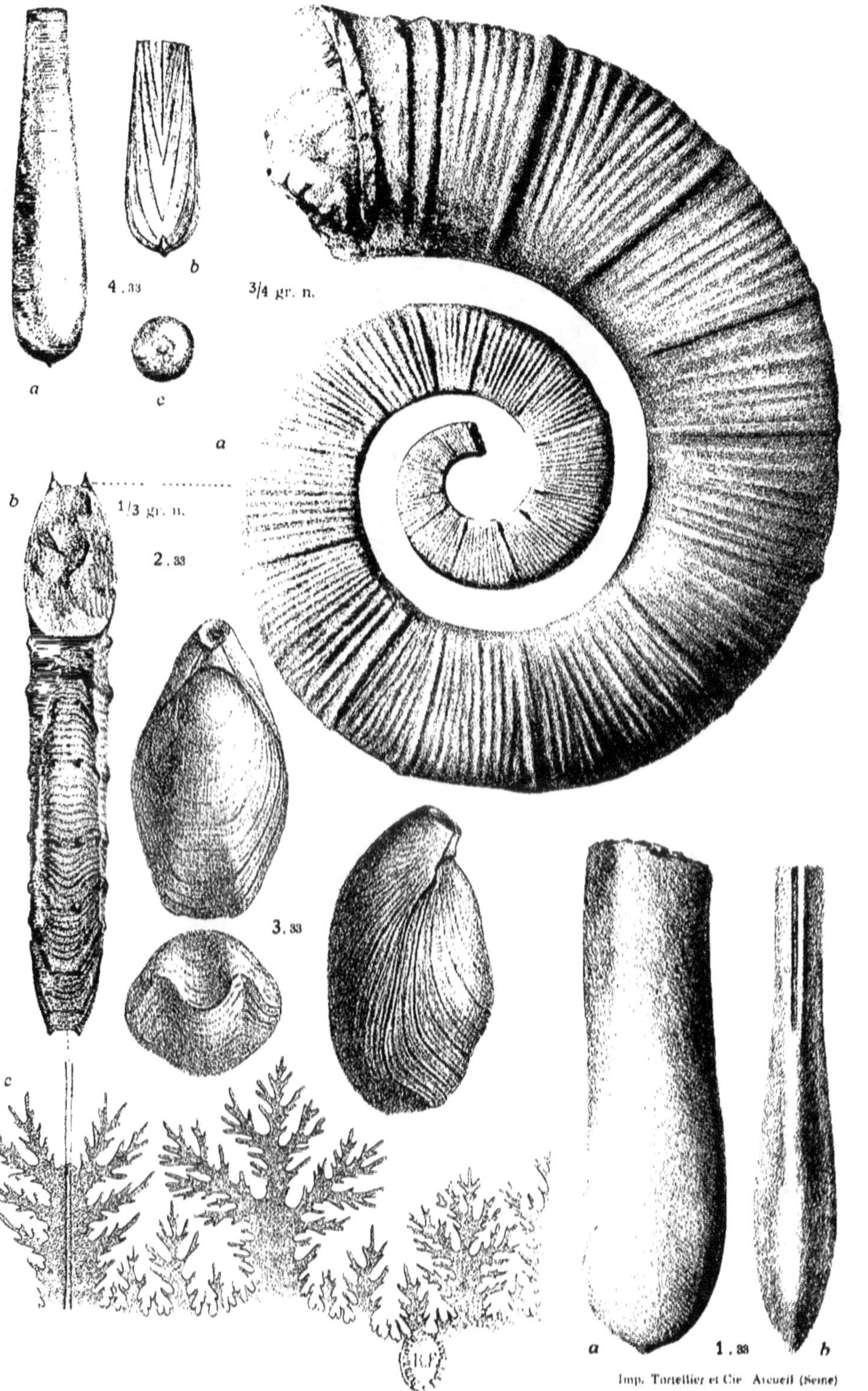
4.33
3/4 gr. n.
a
b
c
a
1/3 gr. n.
2.33
b
3.33
c
a
1.33
b
114

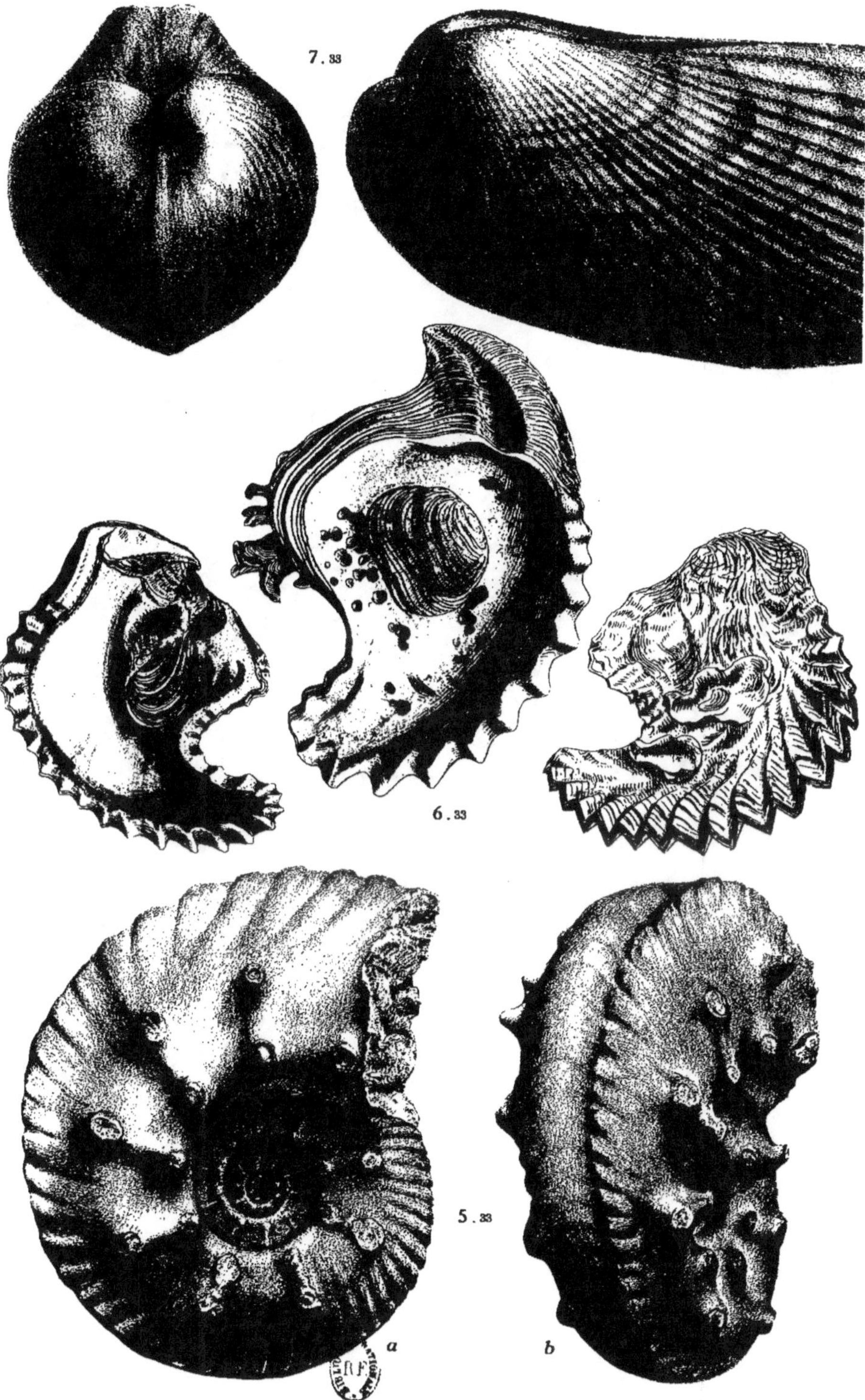

7.33
6.33
5.33
a
b

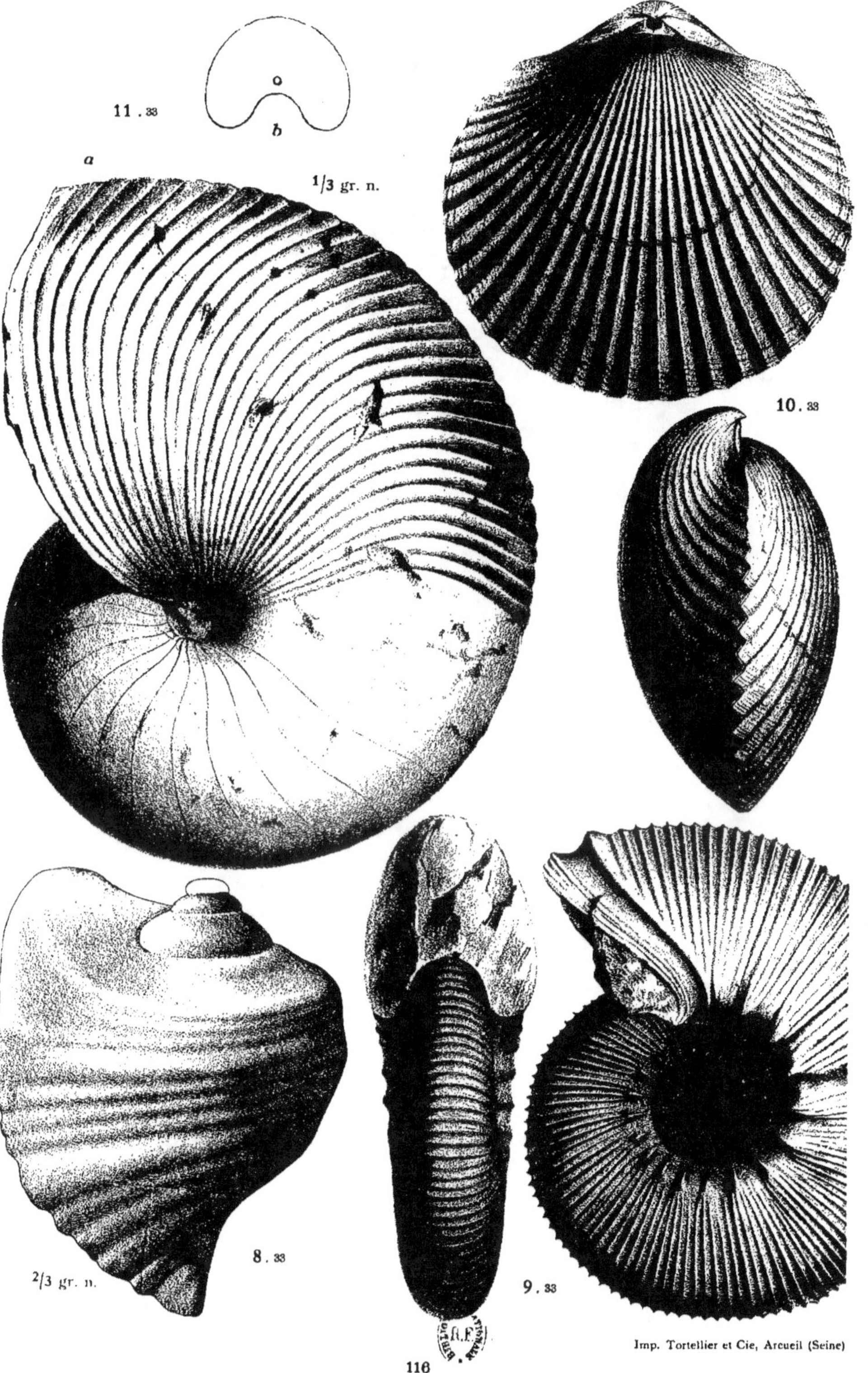

11.33
1/3 gr. n.
a
o
b
10.33
8.33
2/3 gr. n.
9.33
116

Imp. Tortellier et Cie, Arcueil (Seine)

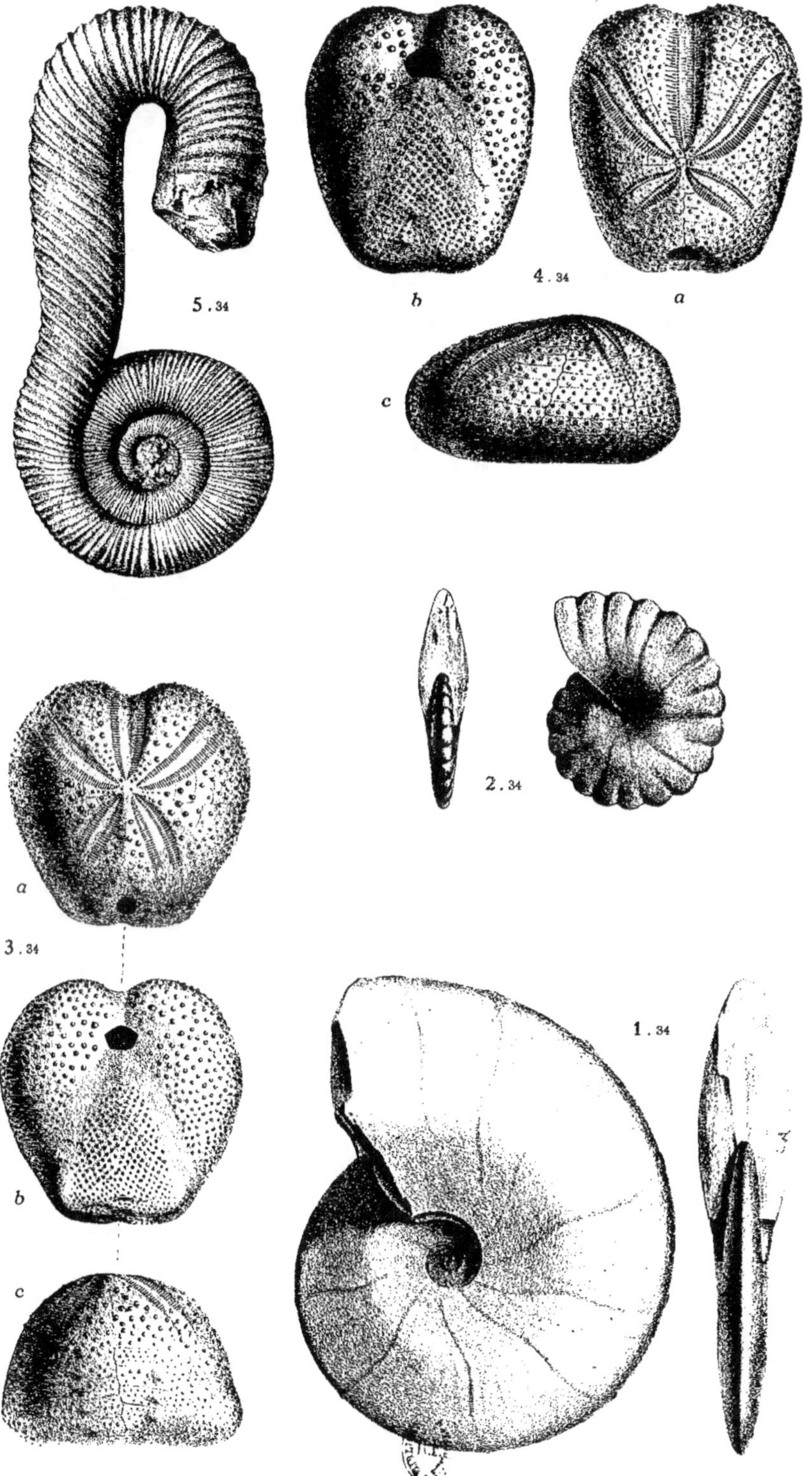

5 . 34

4 . 34

b

a

c

2 . 34

a

3 . 34

b

c

1 . 34

Imp. Tortellier et Cie, Arcueil (Seine)

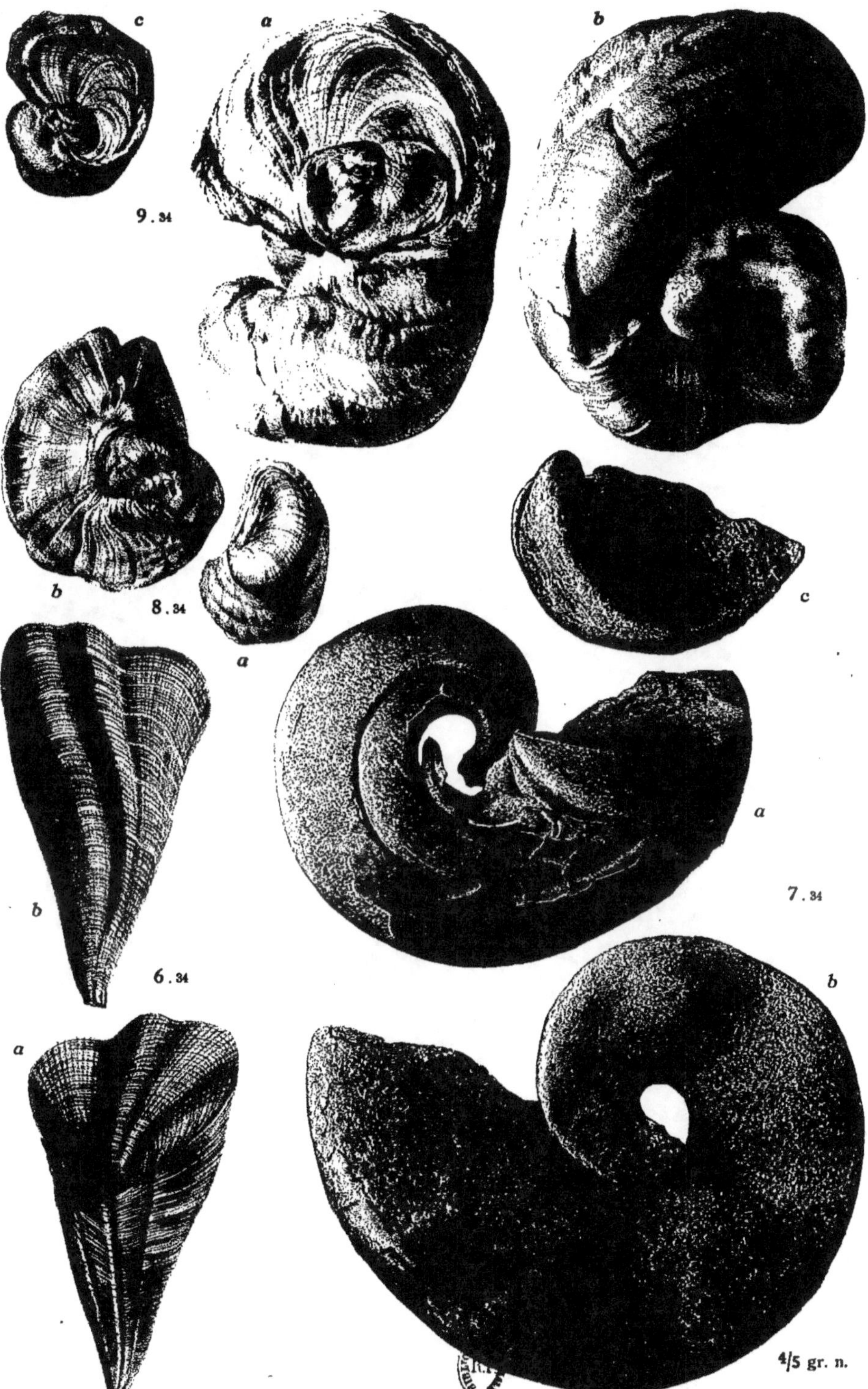

Imp. Tortellier et Cie, Arcueil (Seine)

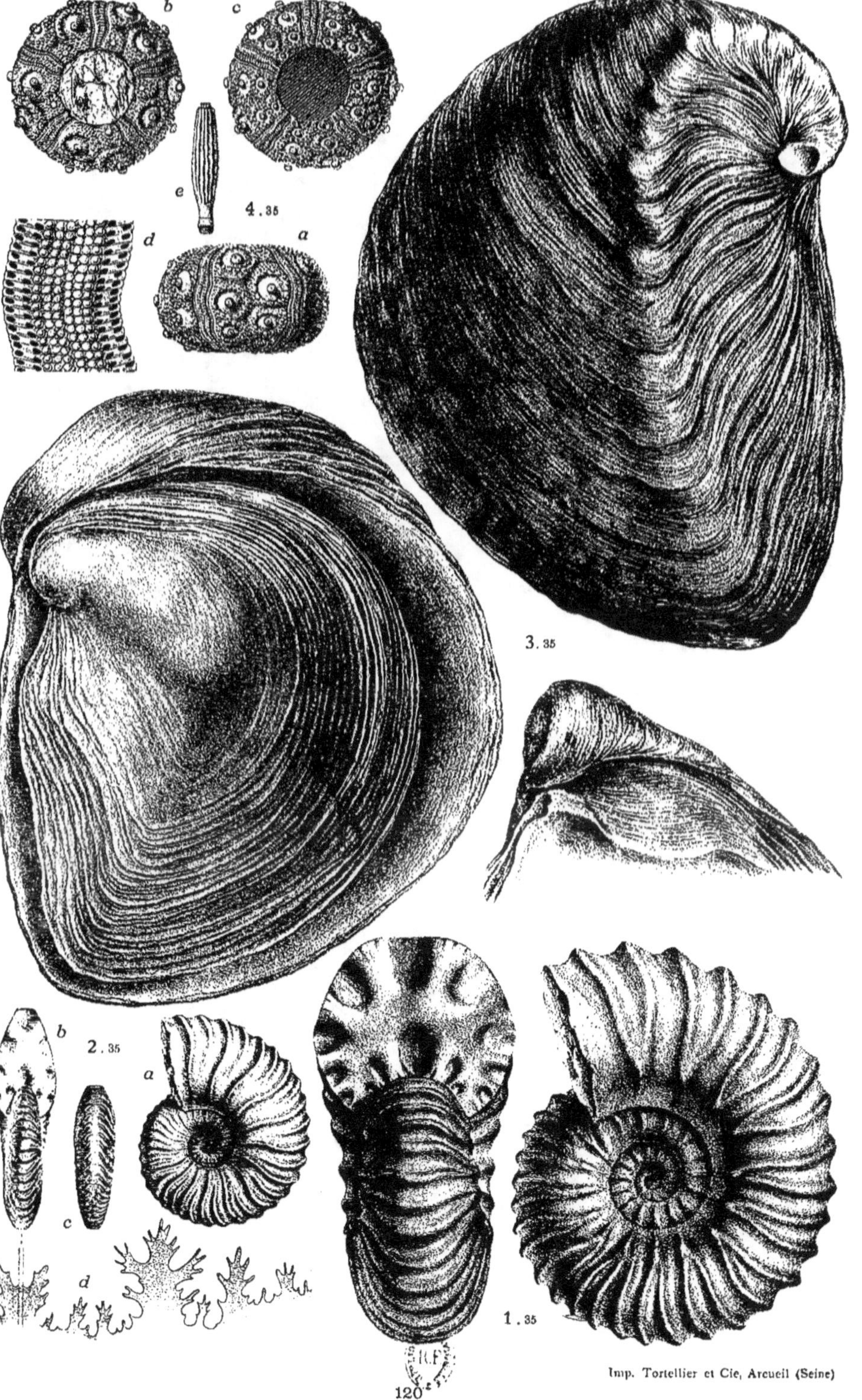

Imp. Tortellier et Cie, Arcueil (Seine)

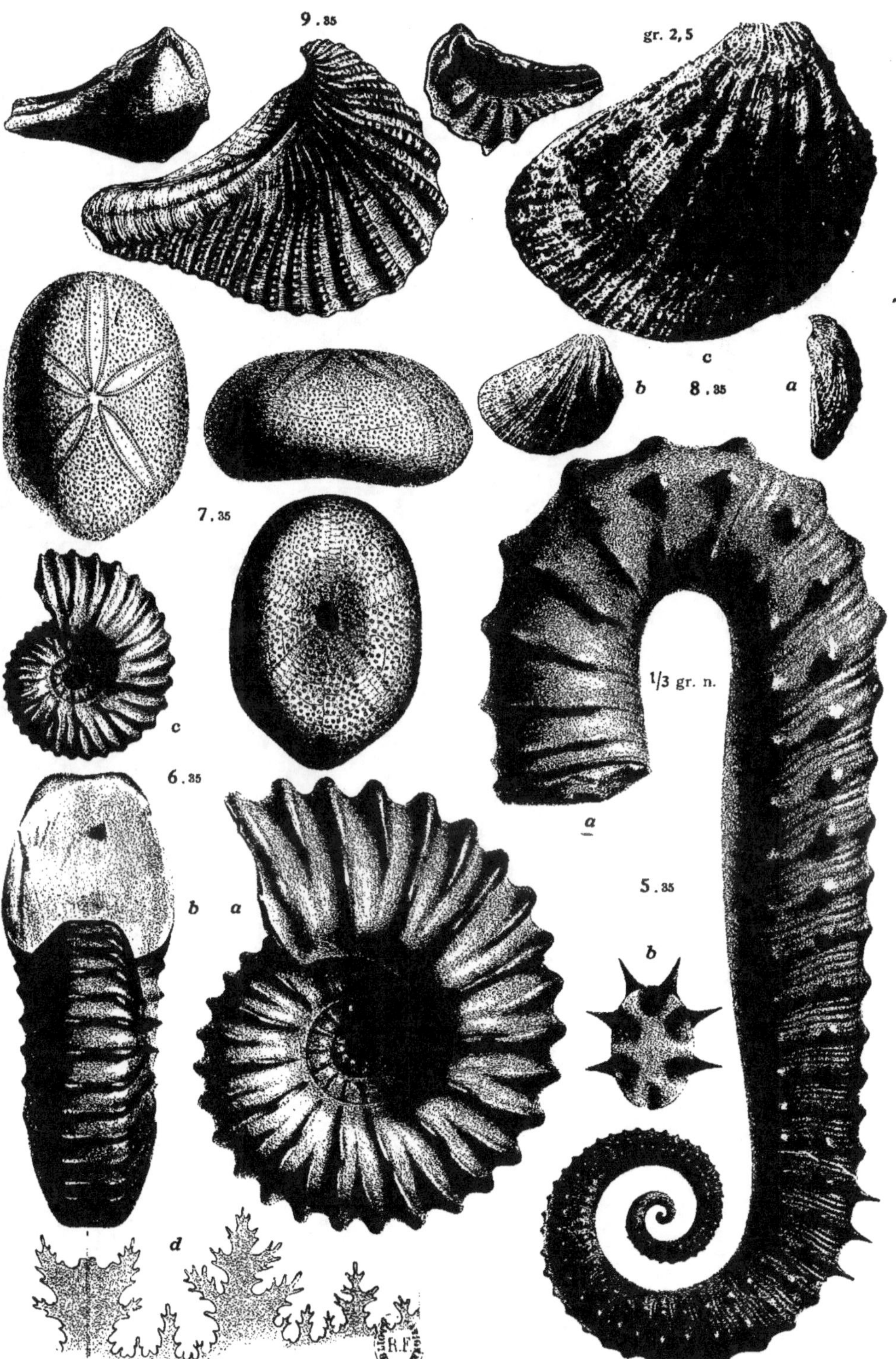

Imp. Tortellier et Cie, Arcueil (Seine)

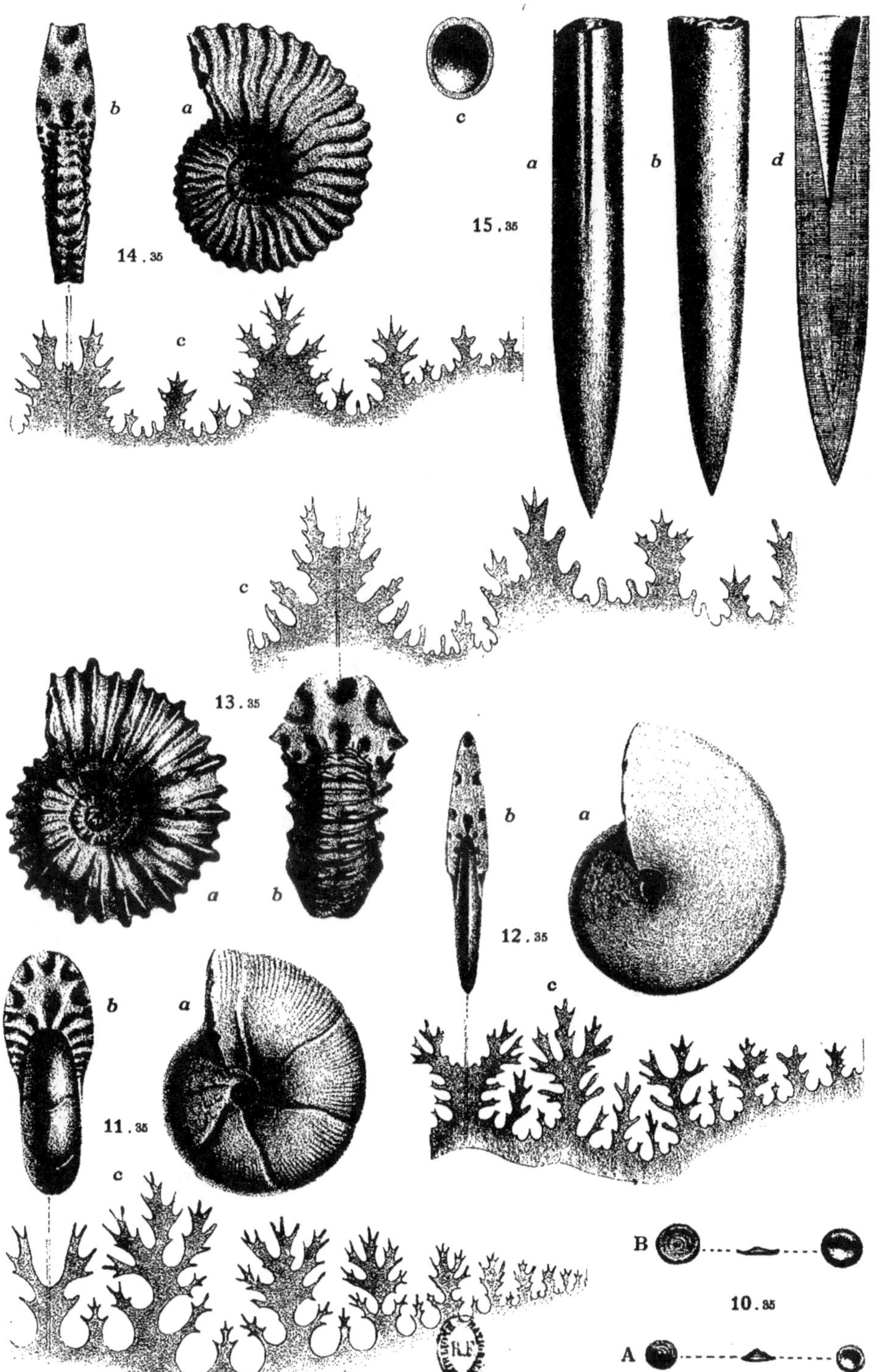

Imp. Tortellier et Cie, Arcueil (Seine)

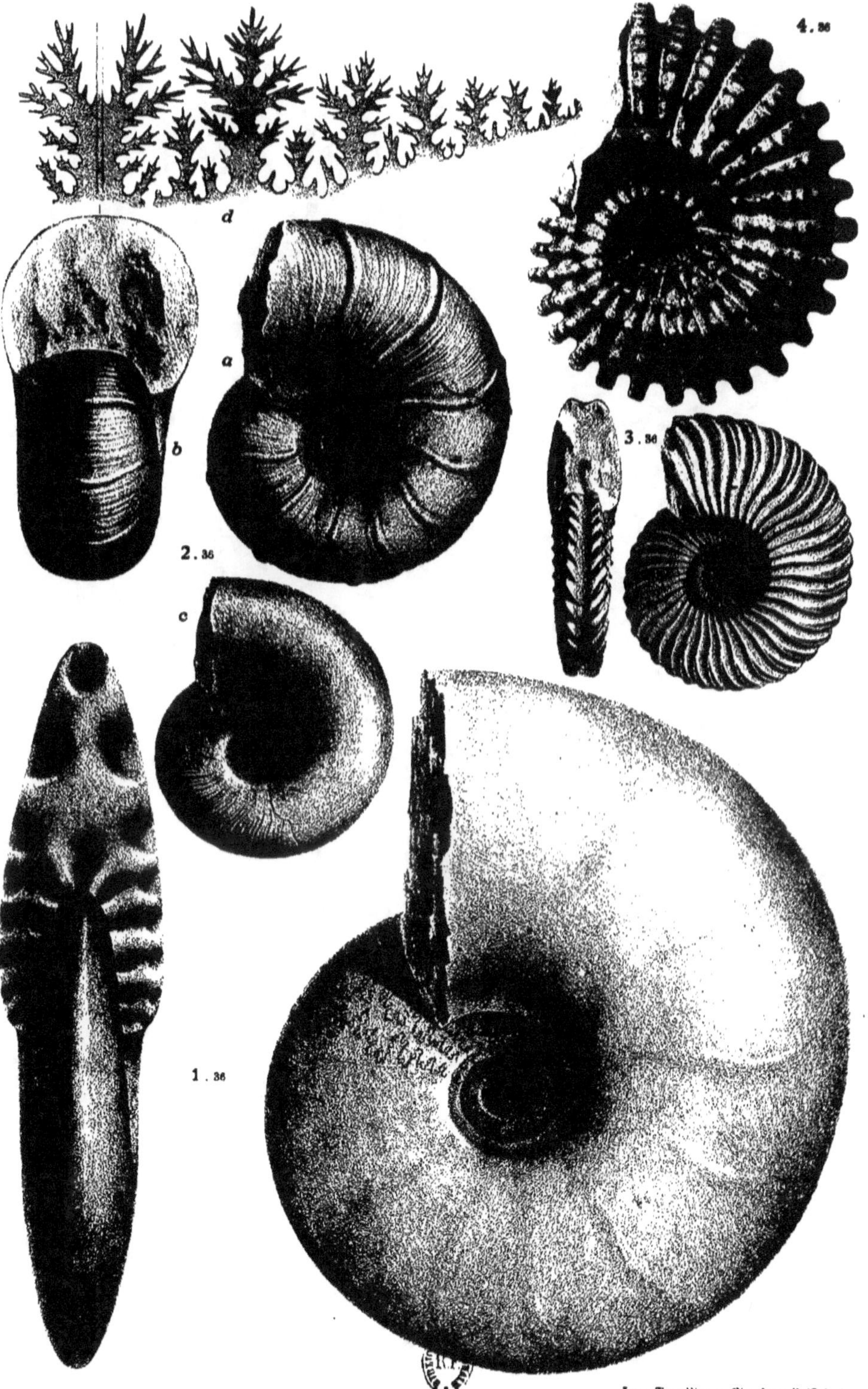

Imp. Tortellier et Cie, Arcueil (Seine)

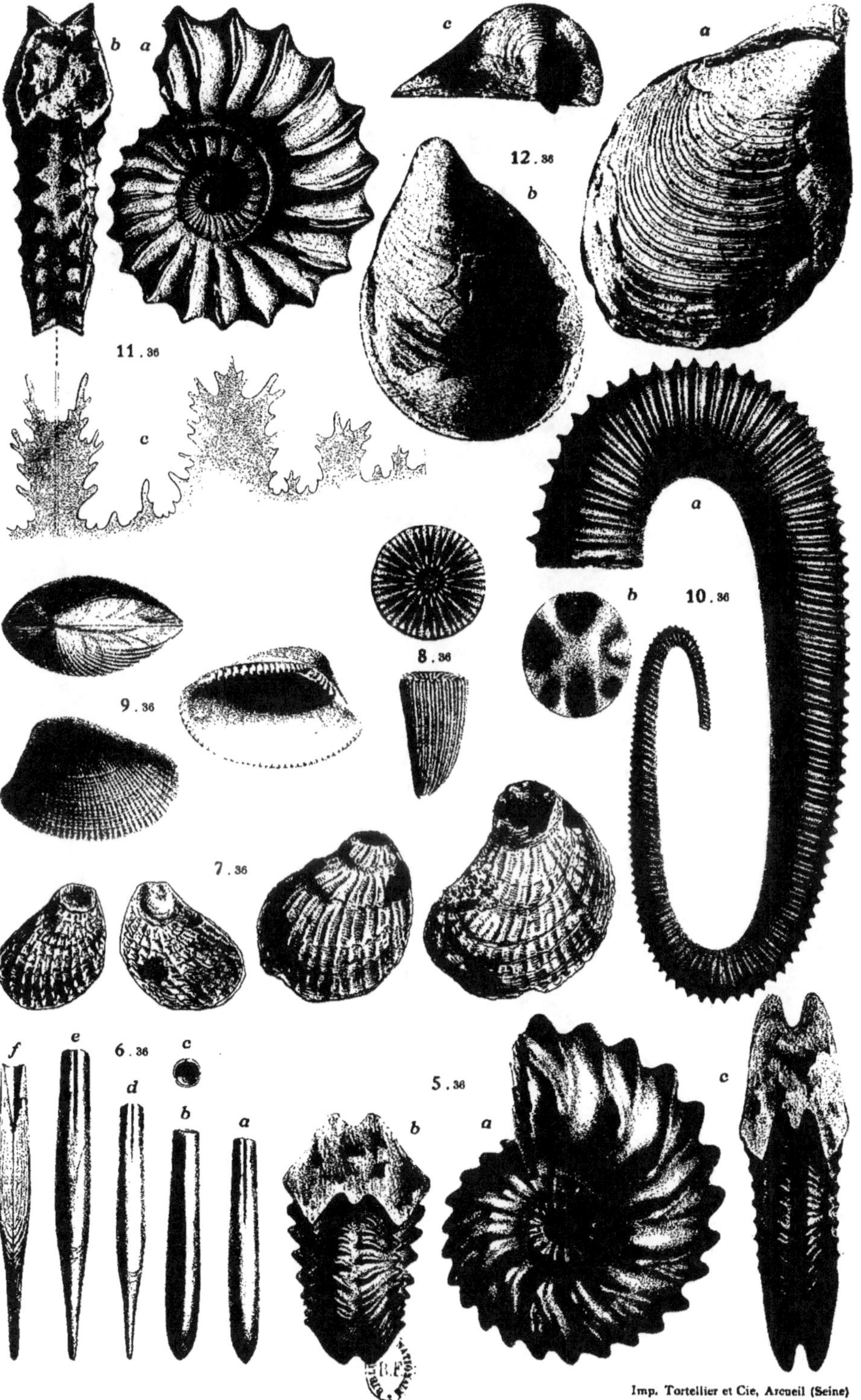

b a
c
12.36
a
b
11.36
c
a
b 10.36
8.36
9.36
7.36
f e 6.36 c
d
b
5.36
b a
b a c
124

Imp. Tortellier et Cie, Arcueil (Seine)

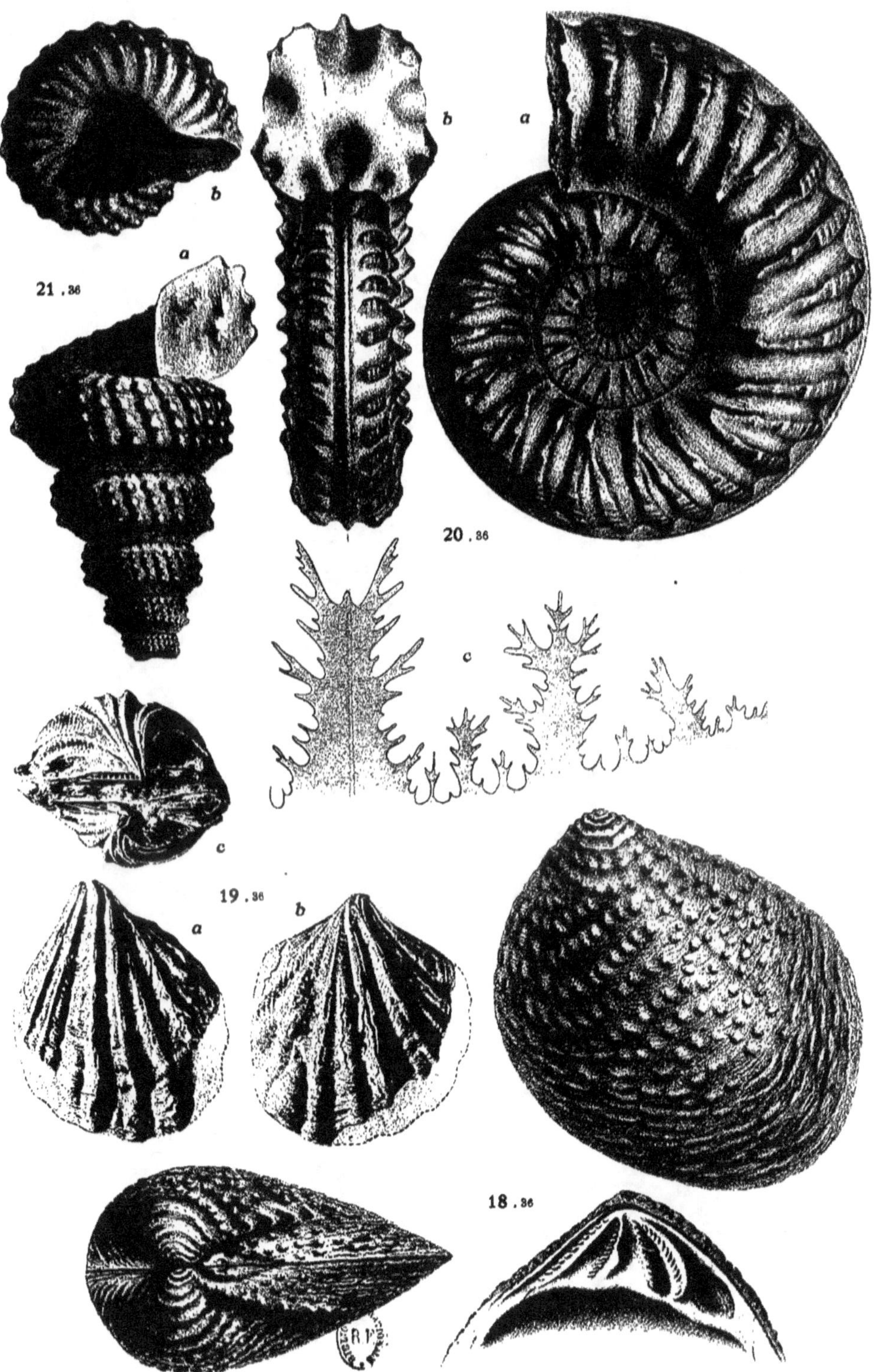

Imp. Tortellier et Cie, Arcueil (Seine)

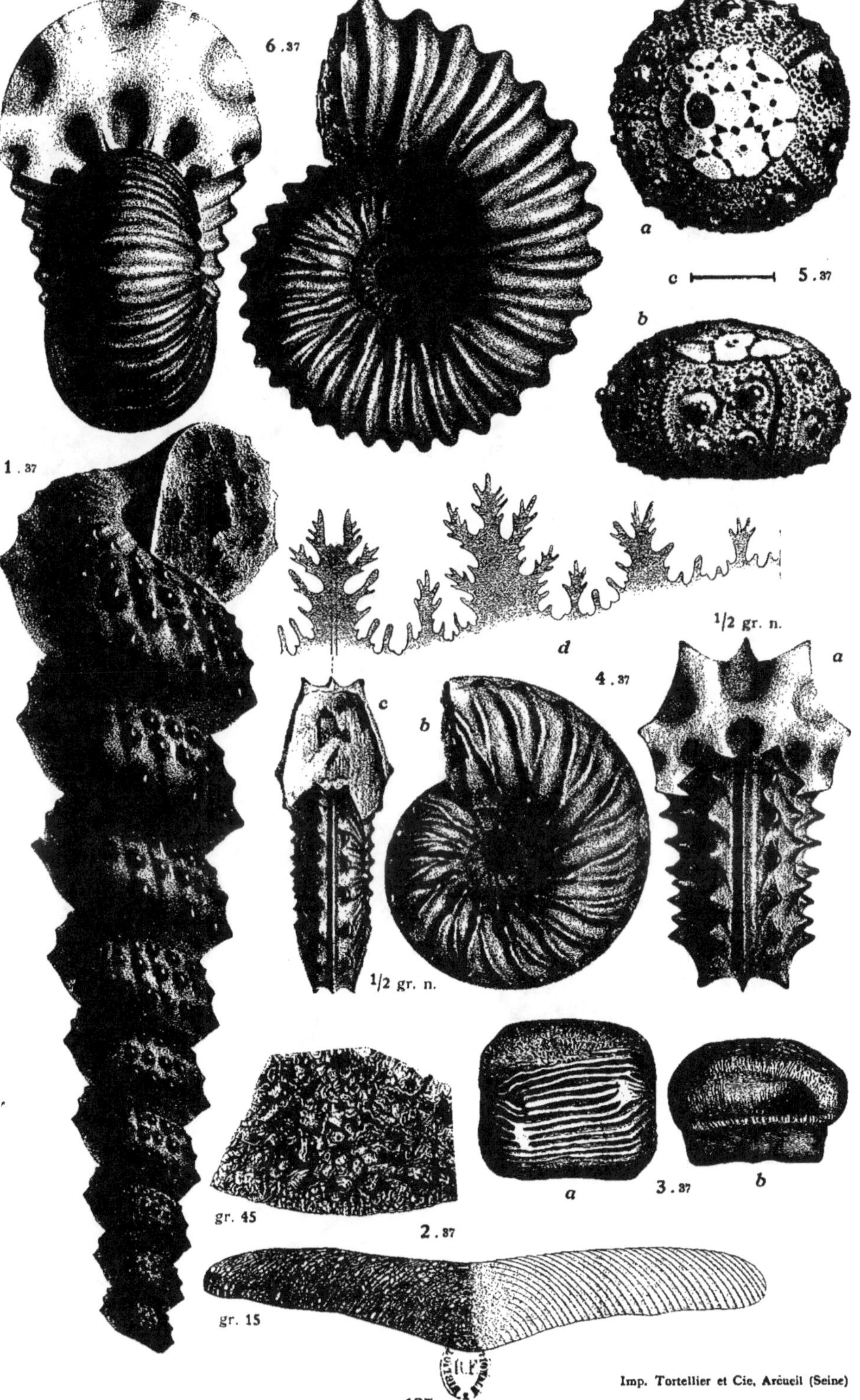

Imp. Tortellier et Cie, Arcueil (Seine)

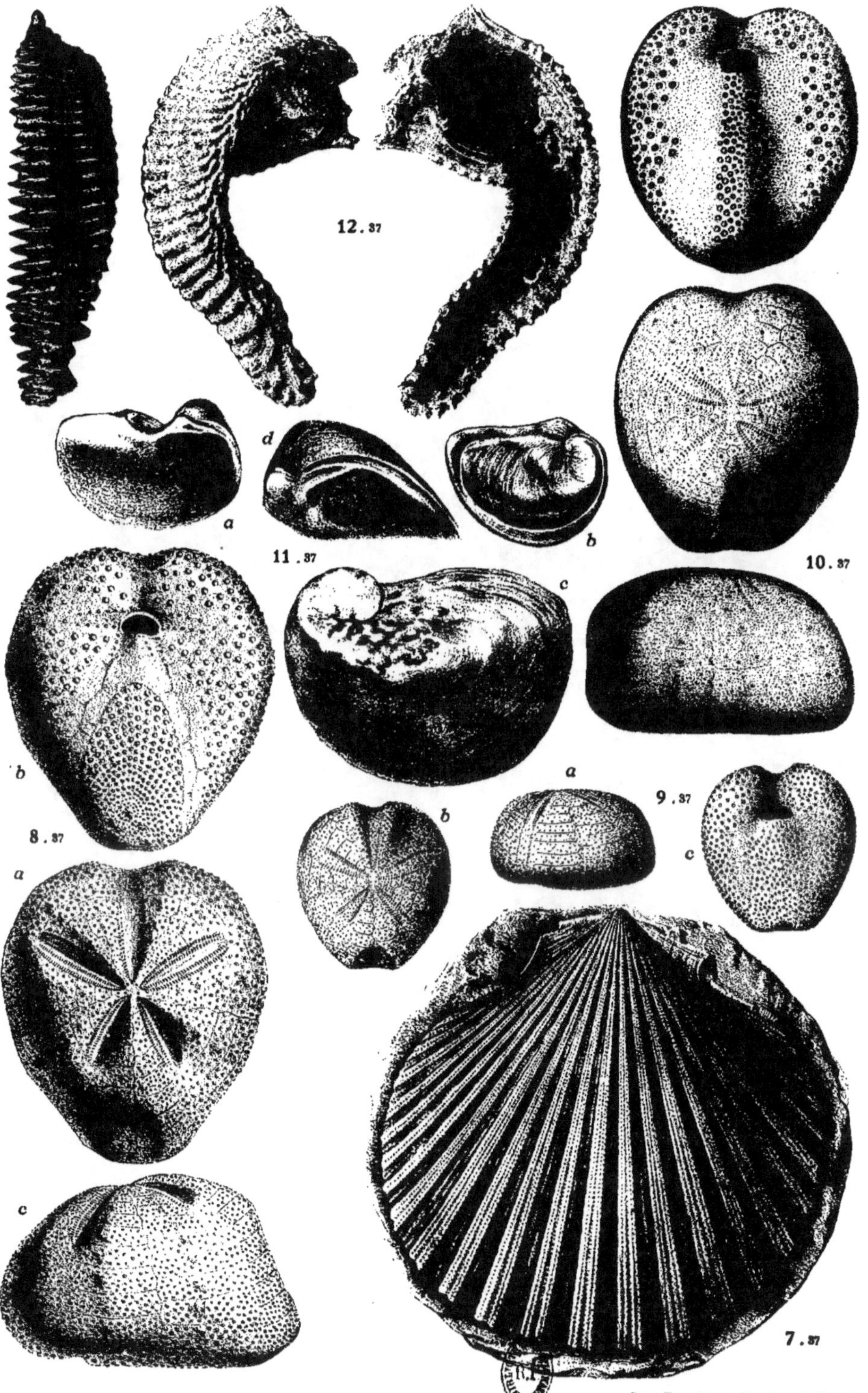

Imp. Tortellier et Cie, Arcueil (Seine)

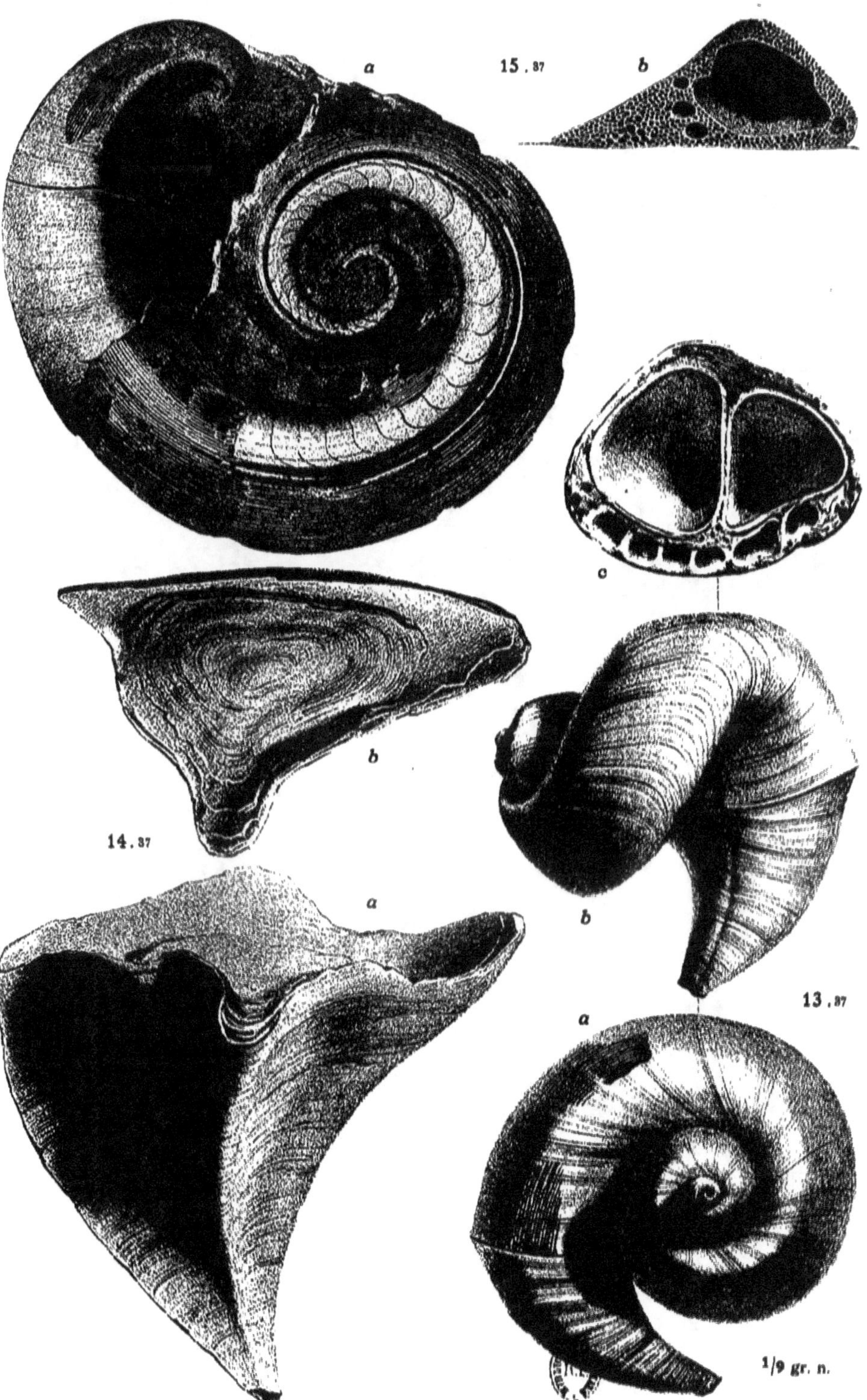

Imp. Tortellier et Cie, Arcueil (Seine)

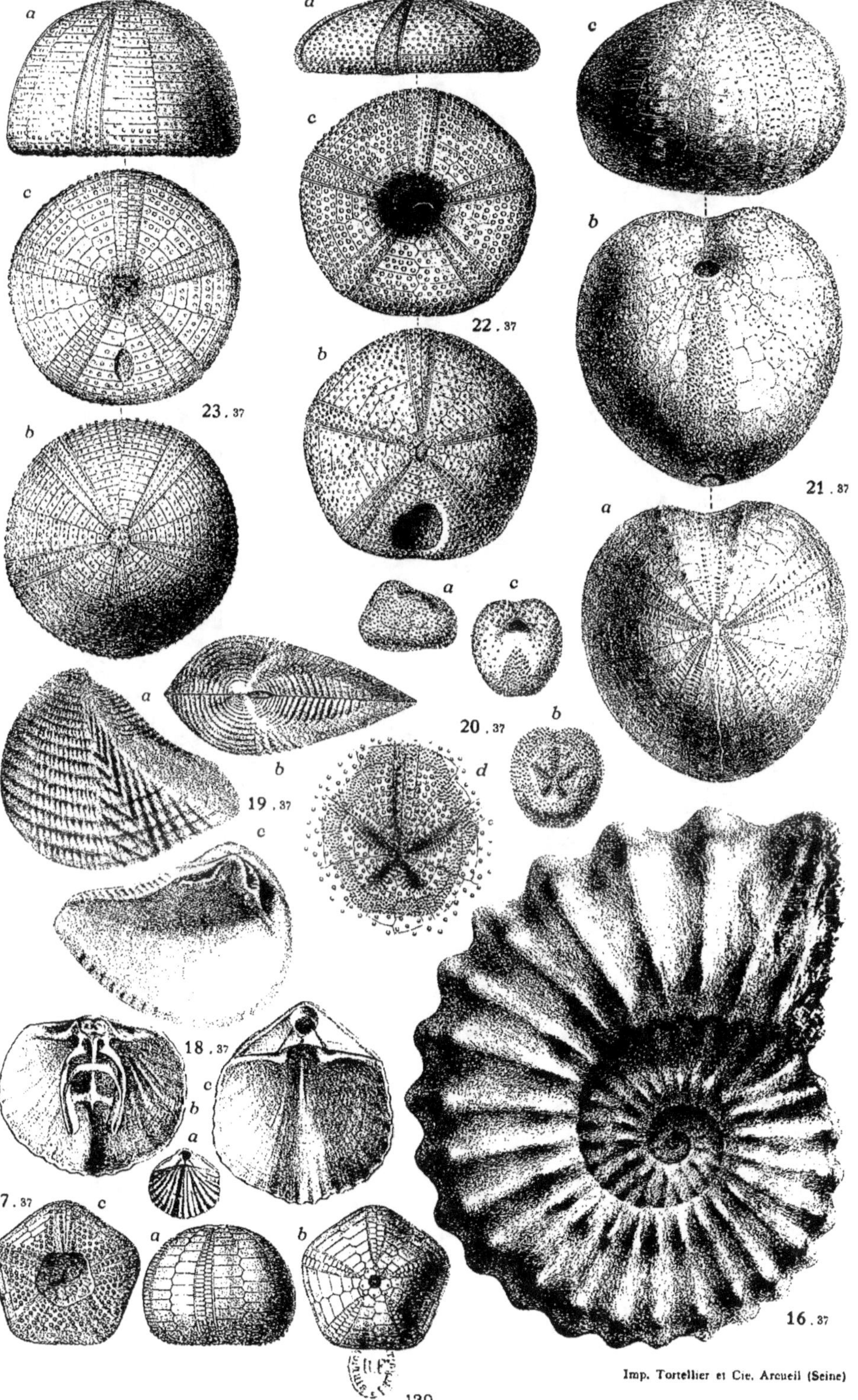

Imp. Tortellier et Cie, Arcueil (Seine)

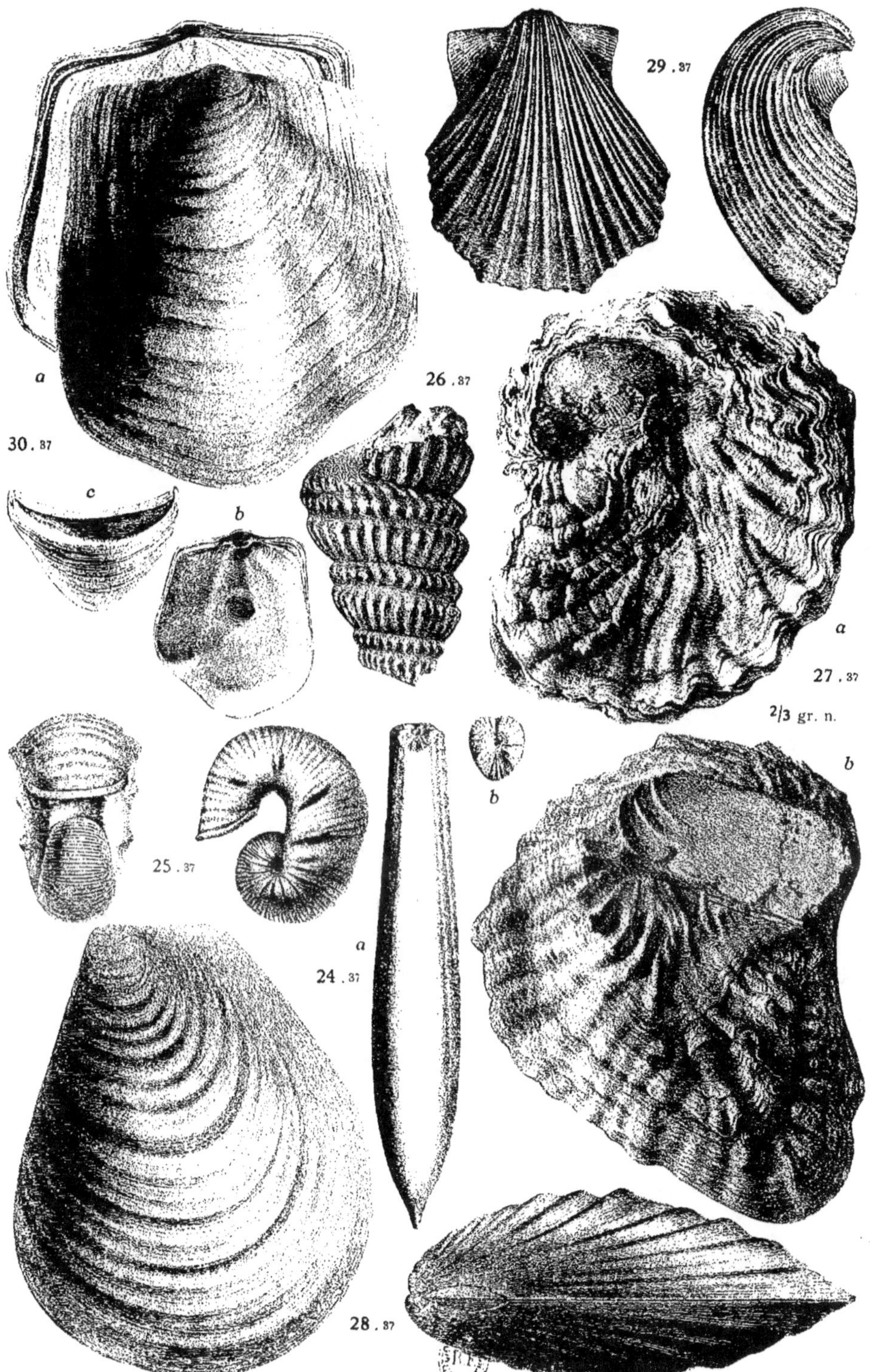

Imp. Tortellier et Cie, Arcueil (Seine)

6.38
b
a
4.38
b
a
5.38
c
3.38
2.38
1.38
1/3 gr. n.
b
a

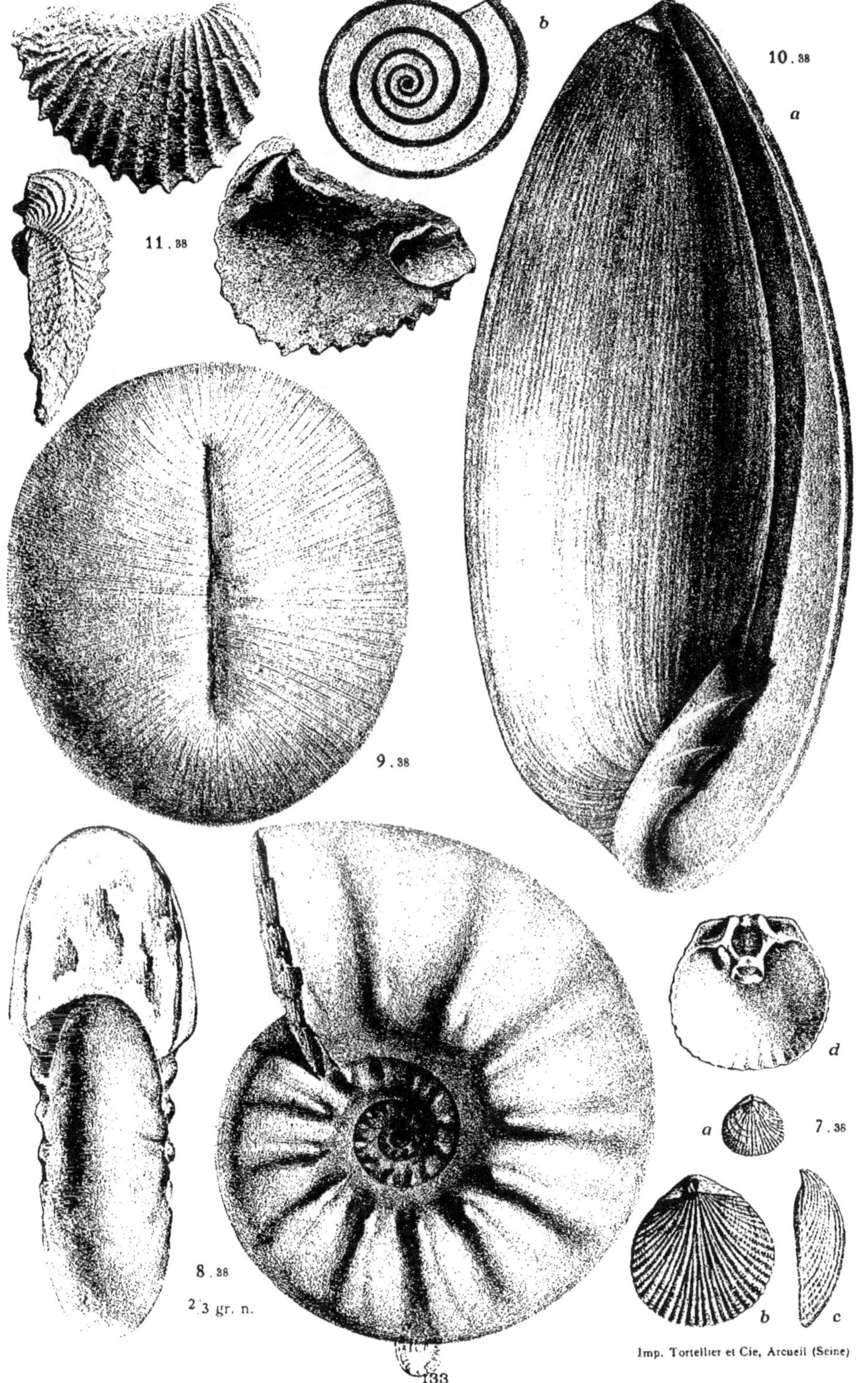

Imp. Tortellier et Cie, Arcueil (Seine)

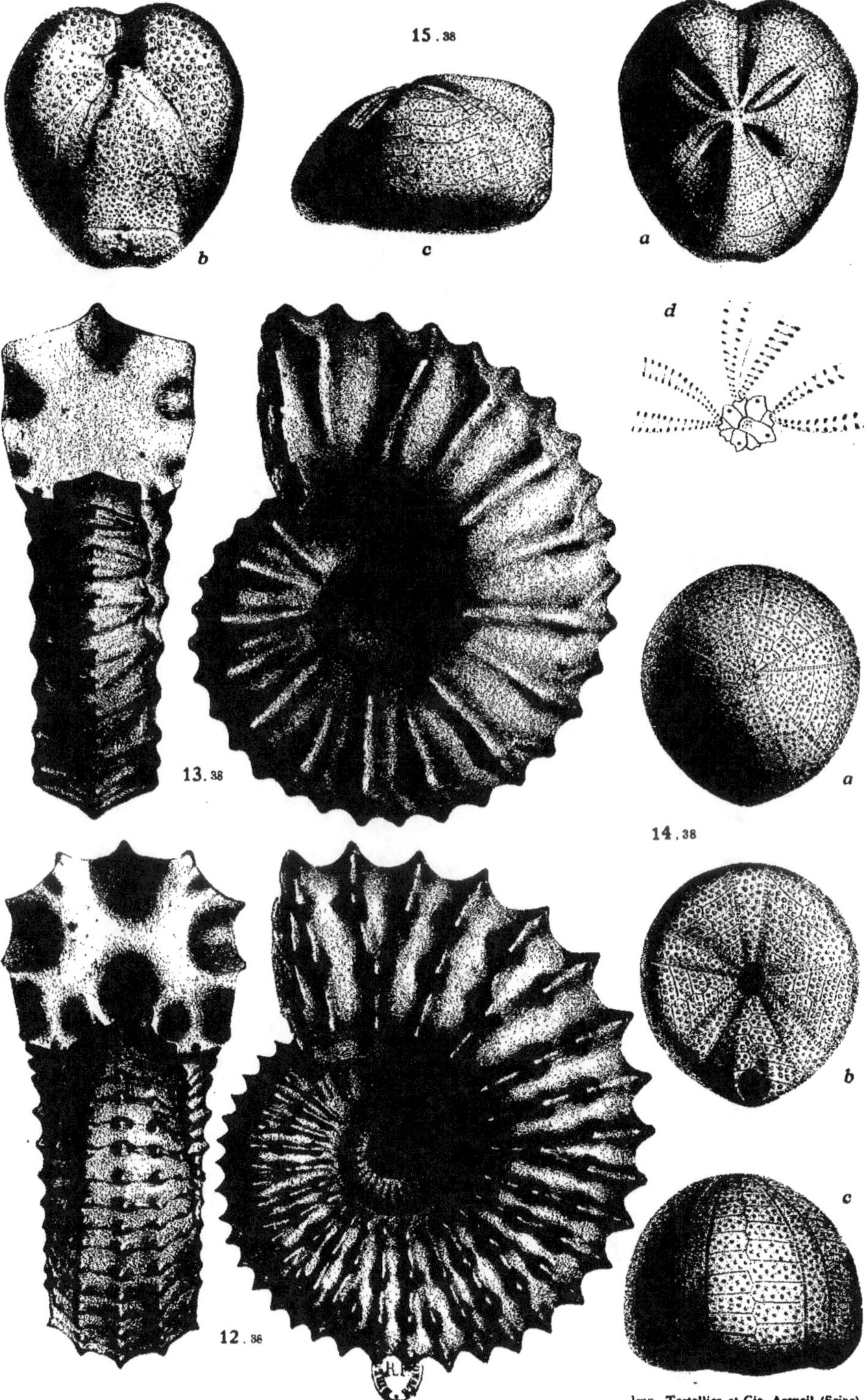

15.38
b
c
a
d
13.38
14.38
a
b
c
12.38
134

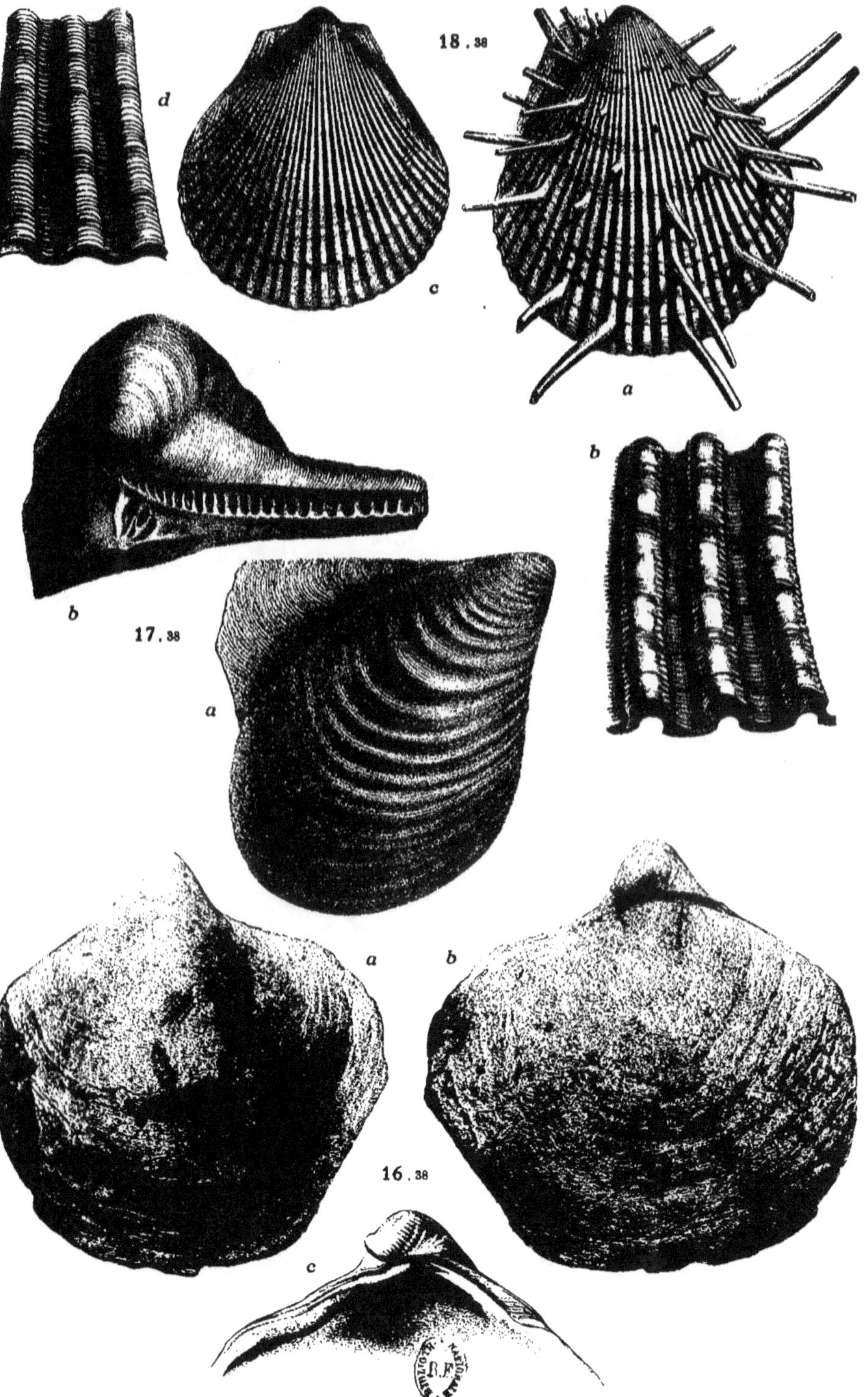

Imp. Tortellier et Cie, Arcueil (Seine)

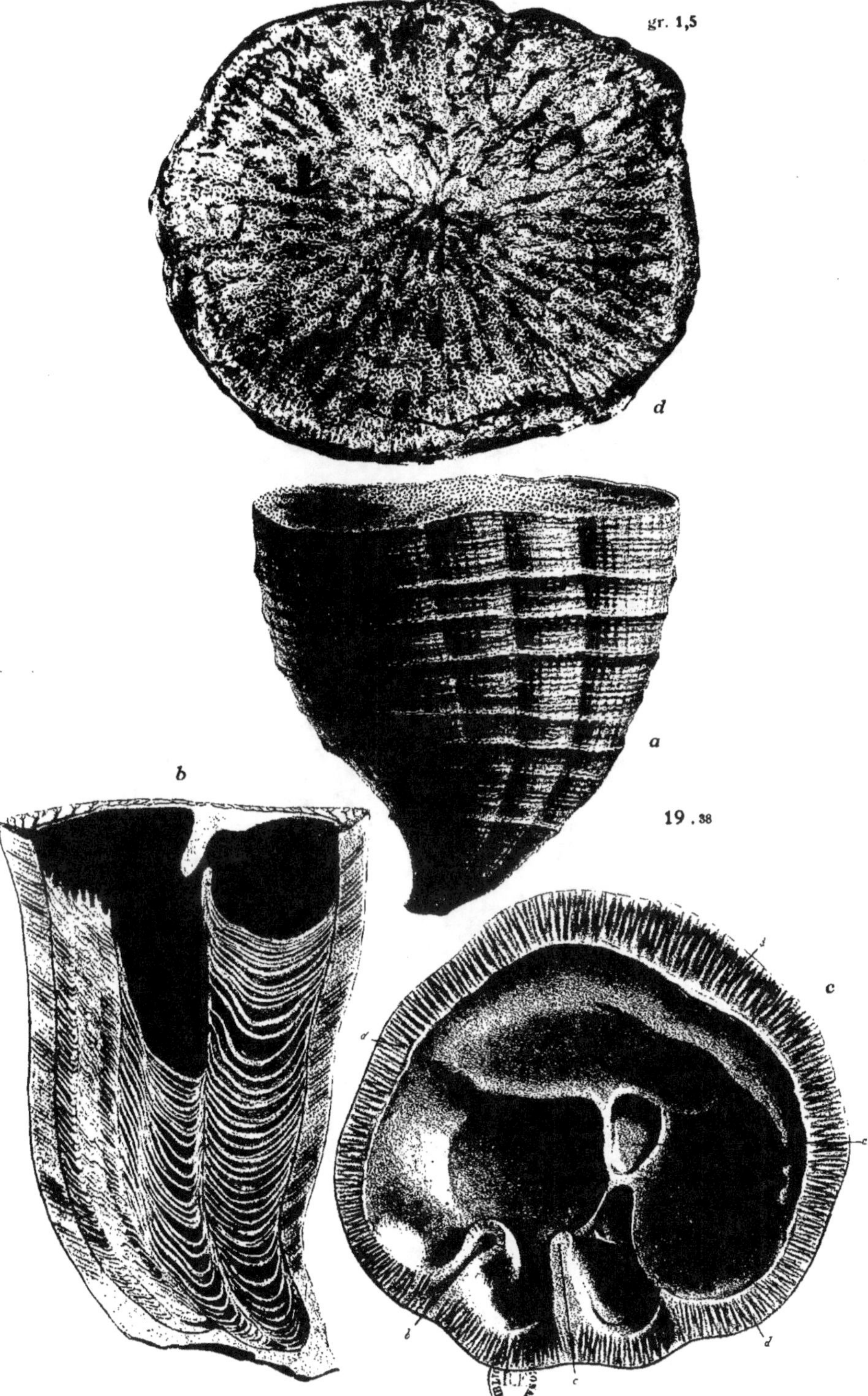

gr. 1,5
d
a
b
19 . 38
c
Imp. Tortellier et Cie, Arcueil (Seine)
136

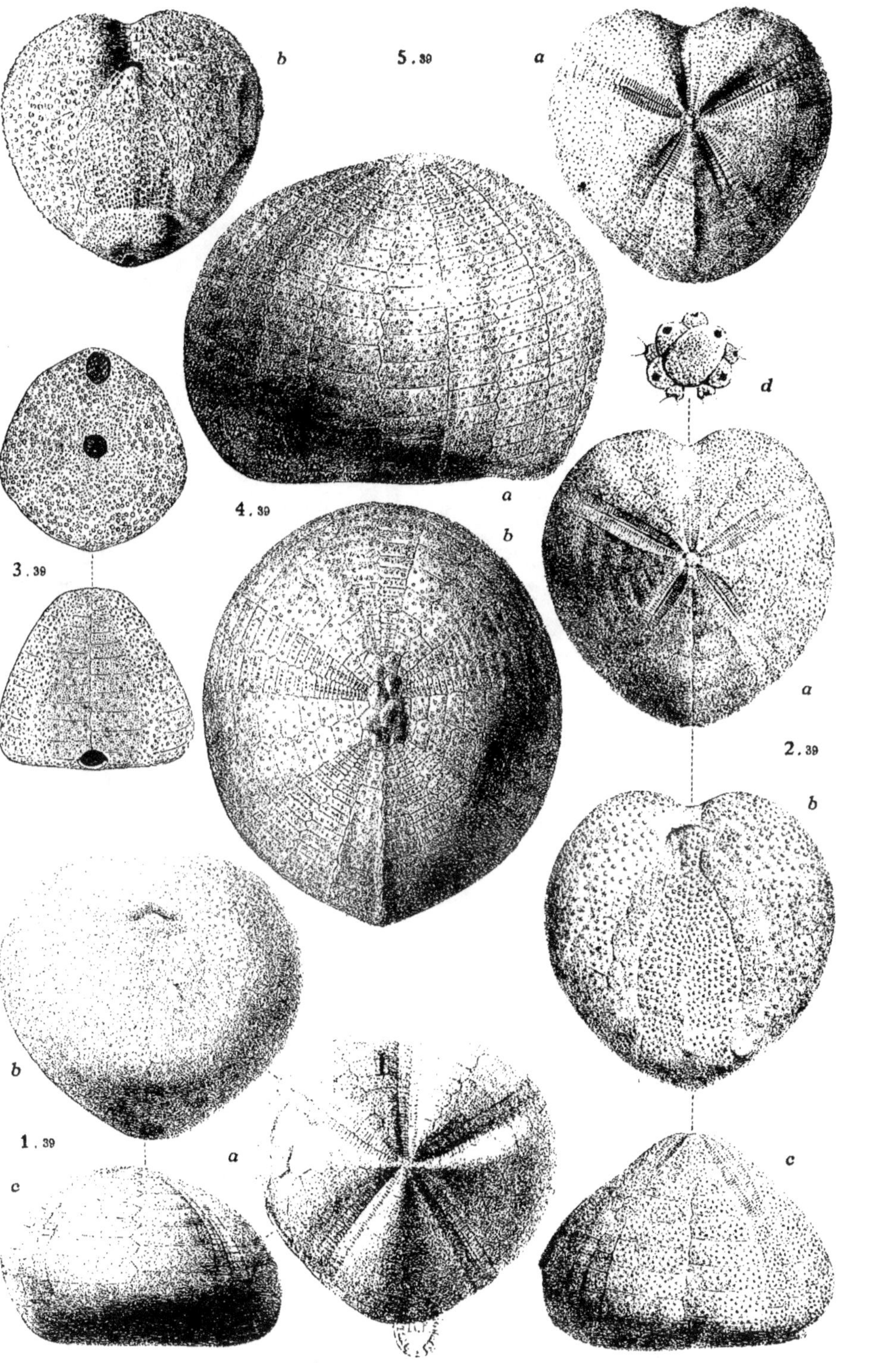

Imp. Tortellier et Cie, Arcueil (Seine)

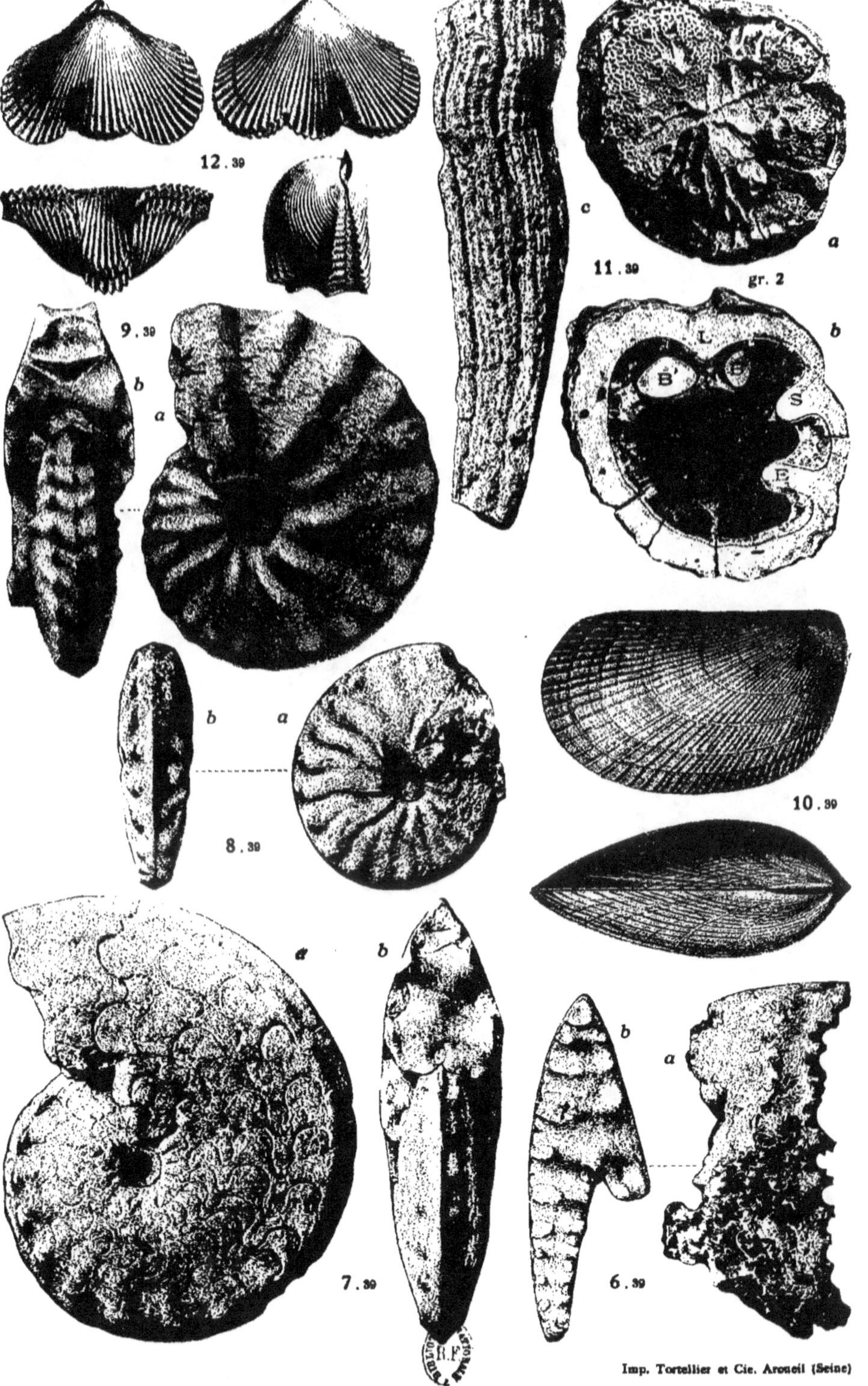

Imp. Tortellier et Cie. Arcueil (Seine)

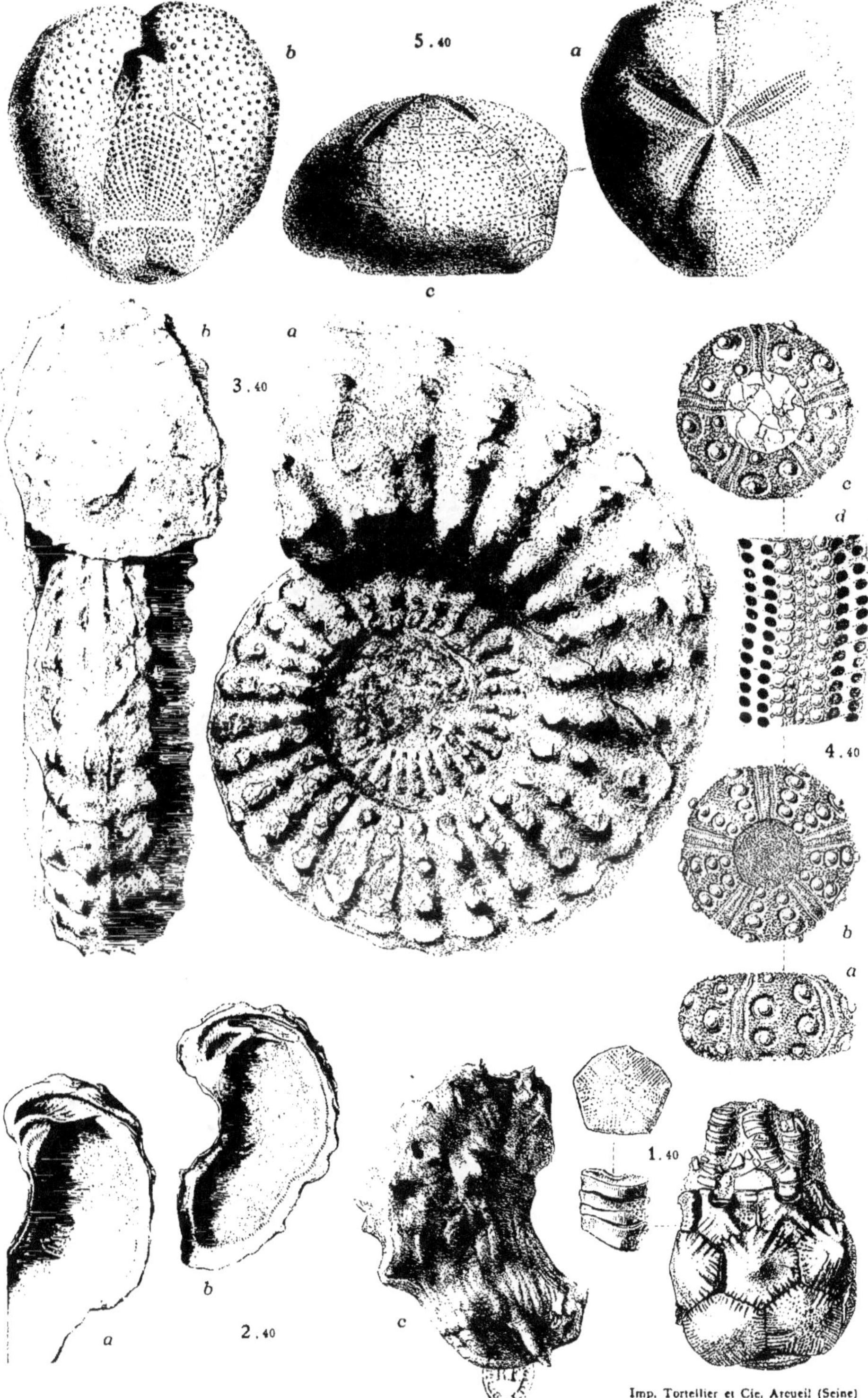

Imp. Tortellier et Cie. Arcueil (Seine)

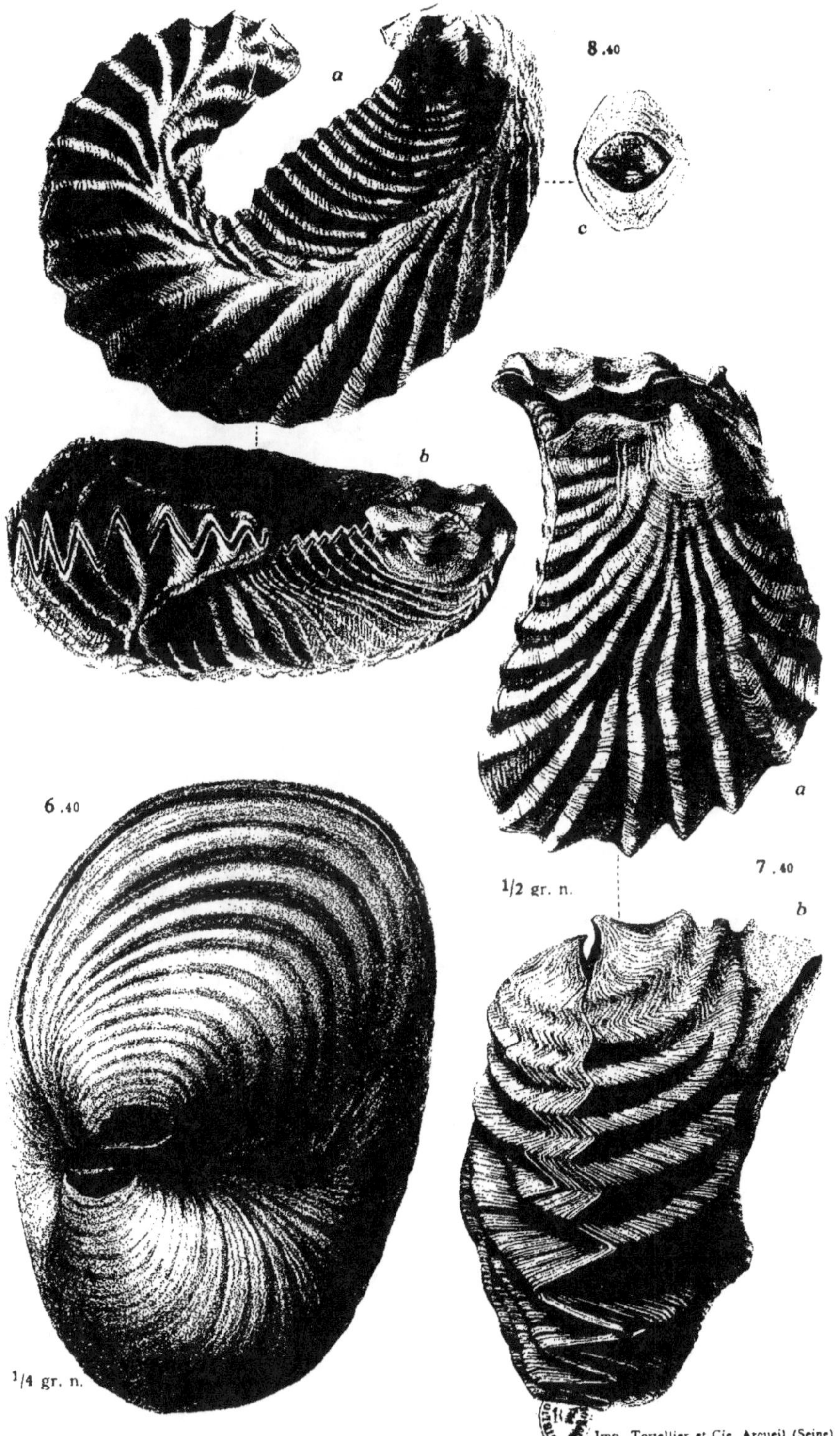

8.40
c
a
b
a
7.40
b
6.40
1/2 gr. n.
1/4 gr. n.
Imp. Tortellier et Cie, Arcueil (Seine)

Imp. Tortellier et Cie, Arcueil (Seine)

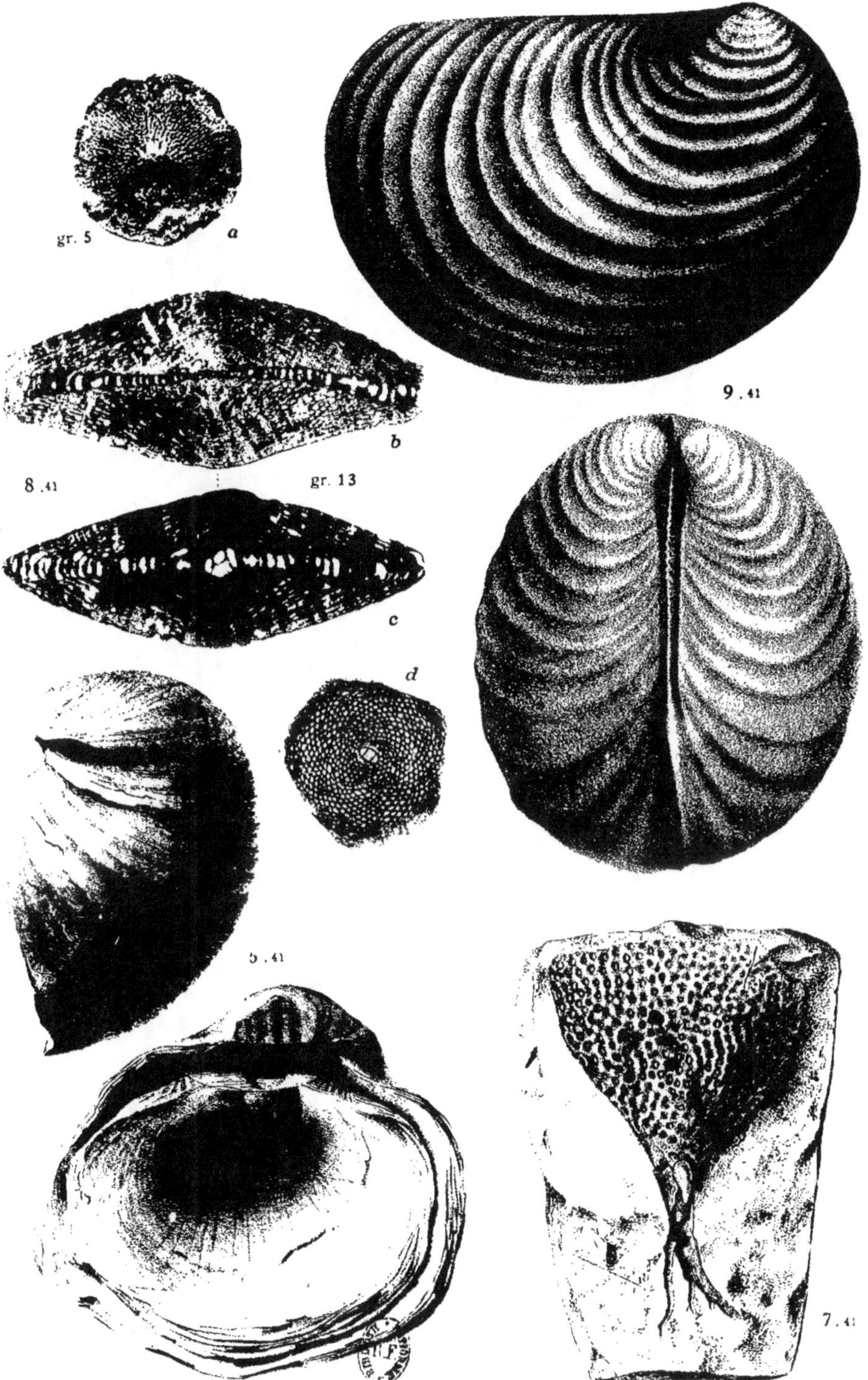

gr. 5
a
8 .41
b
gr. 13
c
d
9 .41
5 .41
7 .41

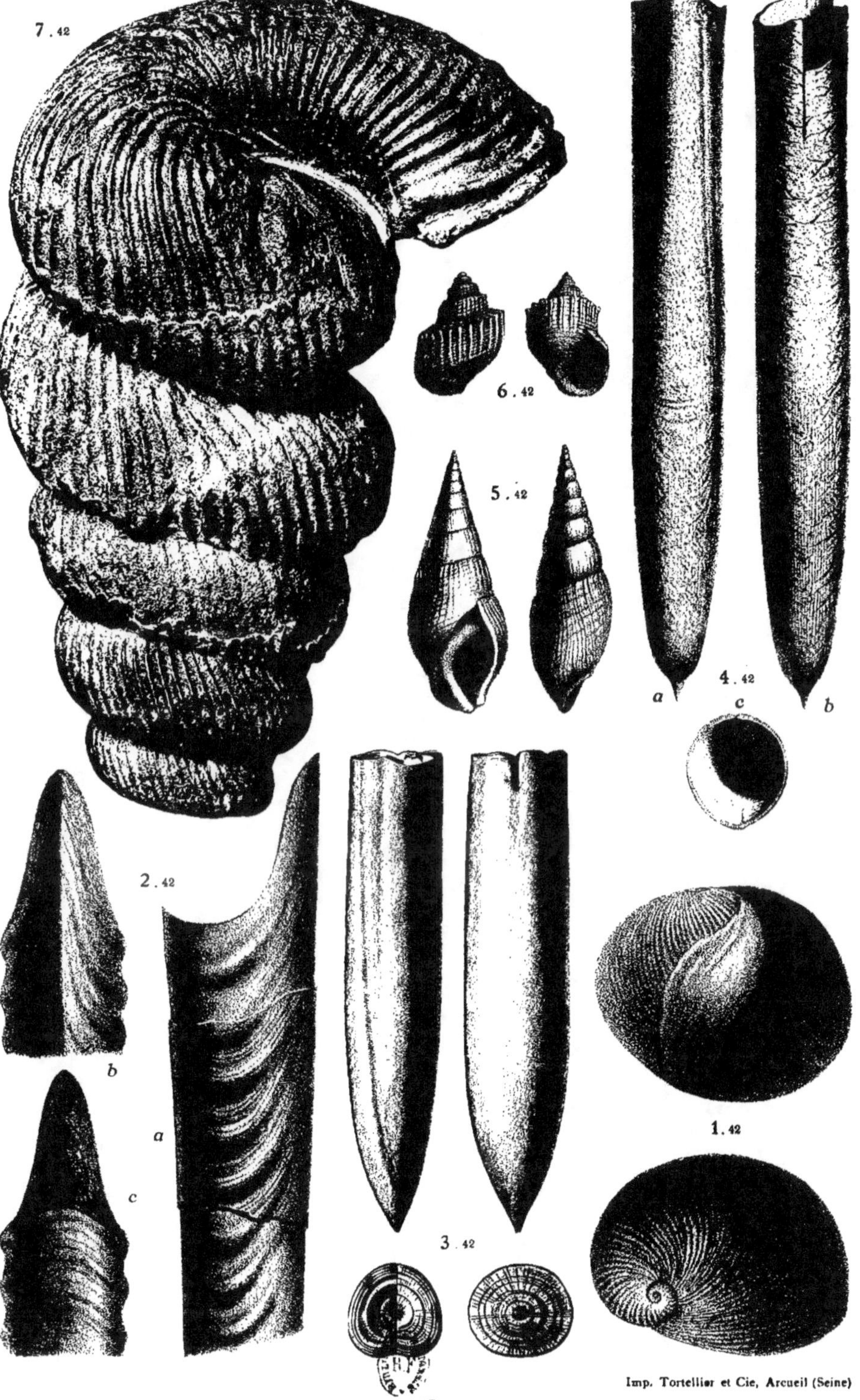

Imp. Tortellier et Cie, Arcueil (Seine)

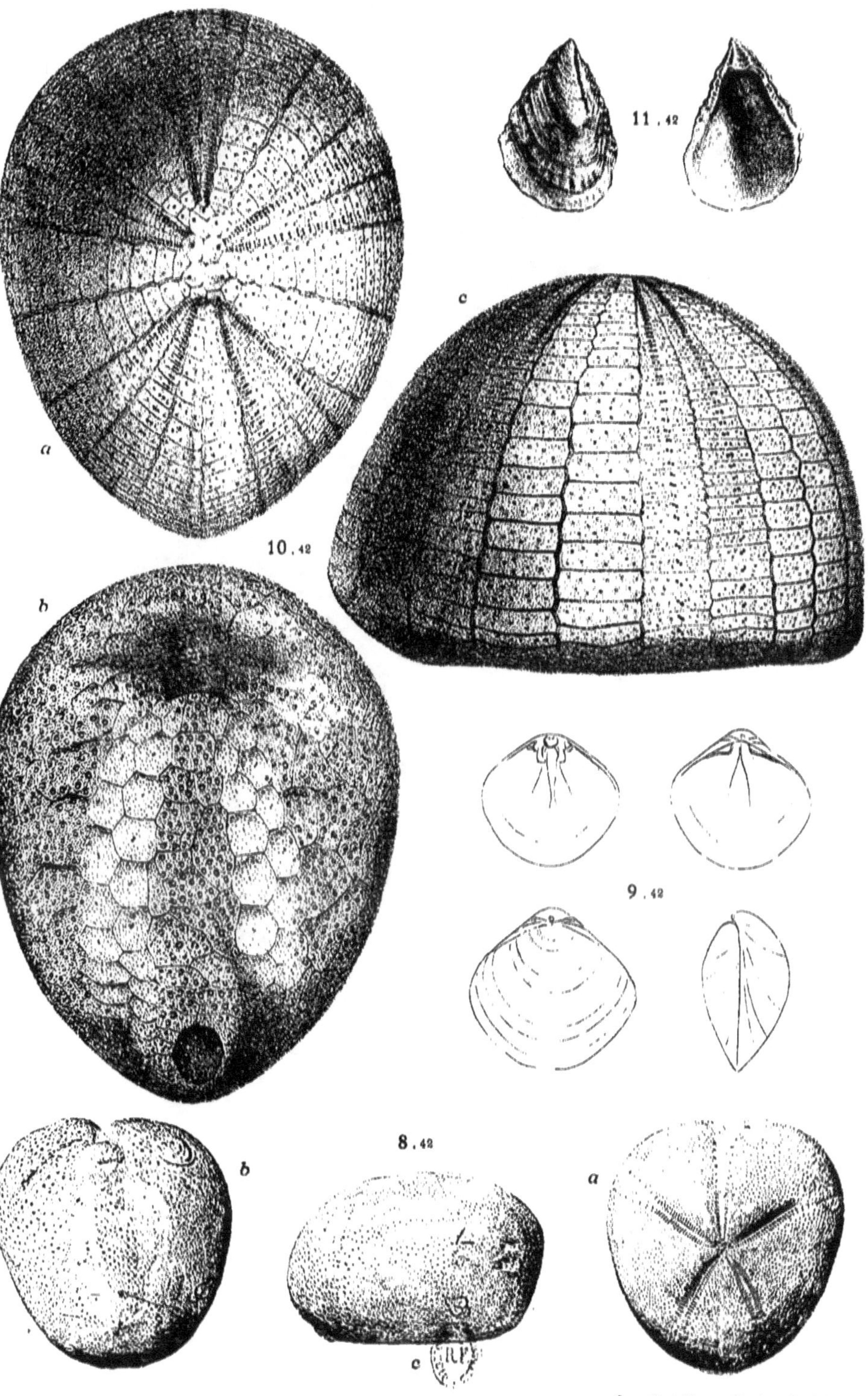

Imp. Tortellier et Cie, Arcueil (Seine)

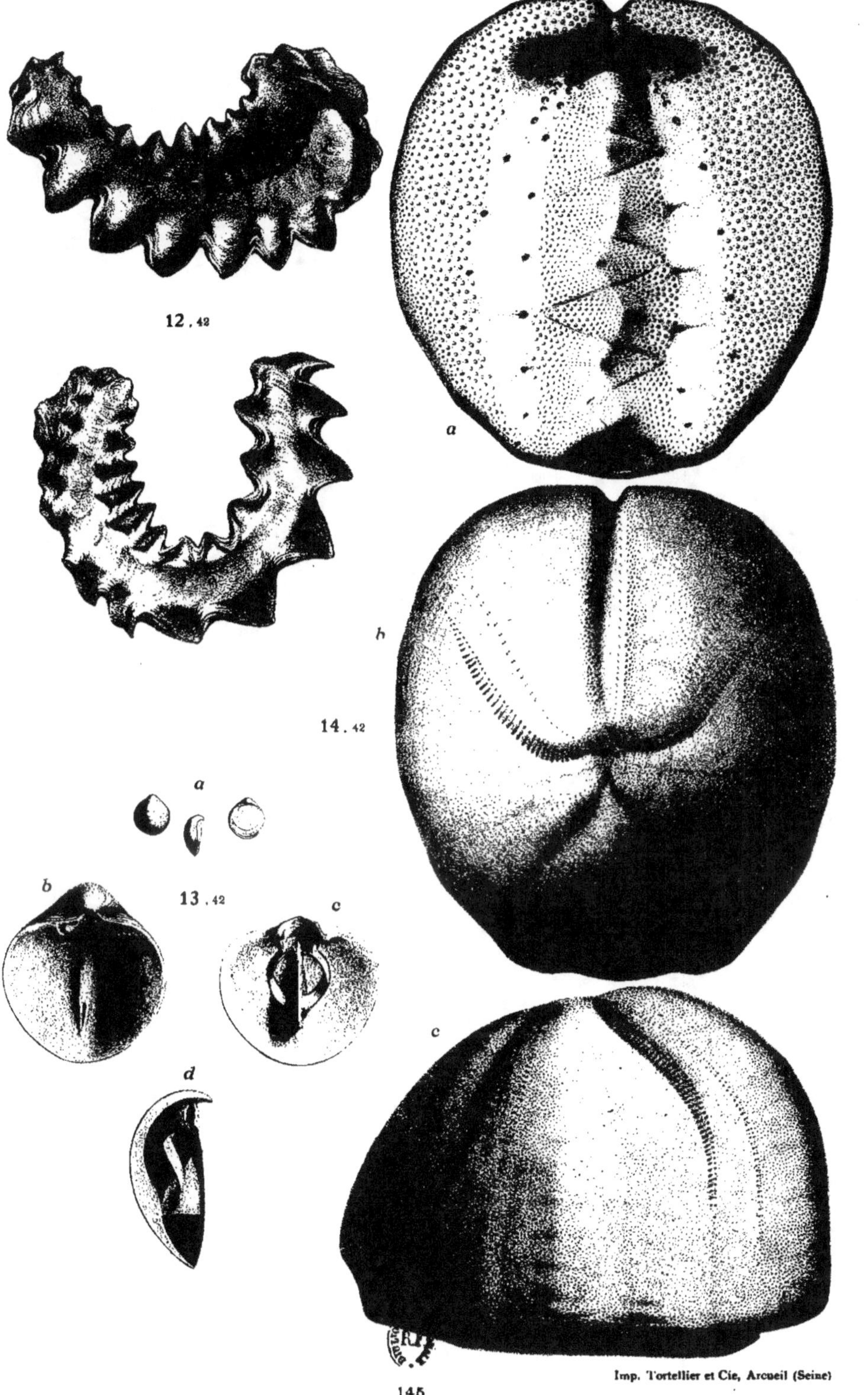

12.42

14.42

13.42

a

b

c

d

a

b

c

Imp. Tortellier et Cie, Arcueil (Seine)

145

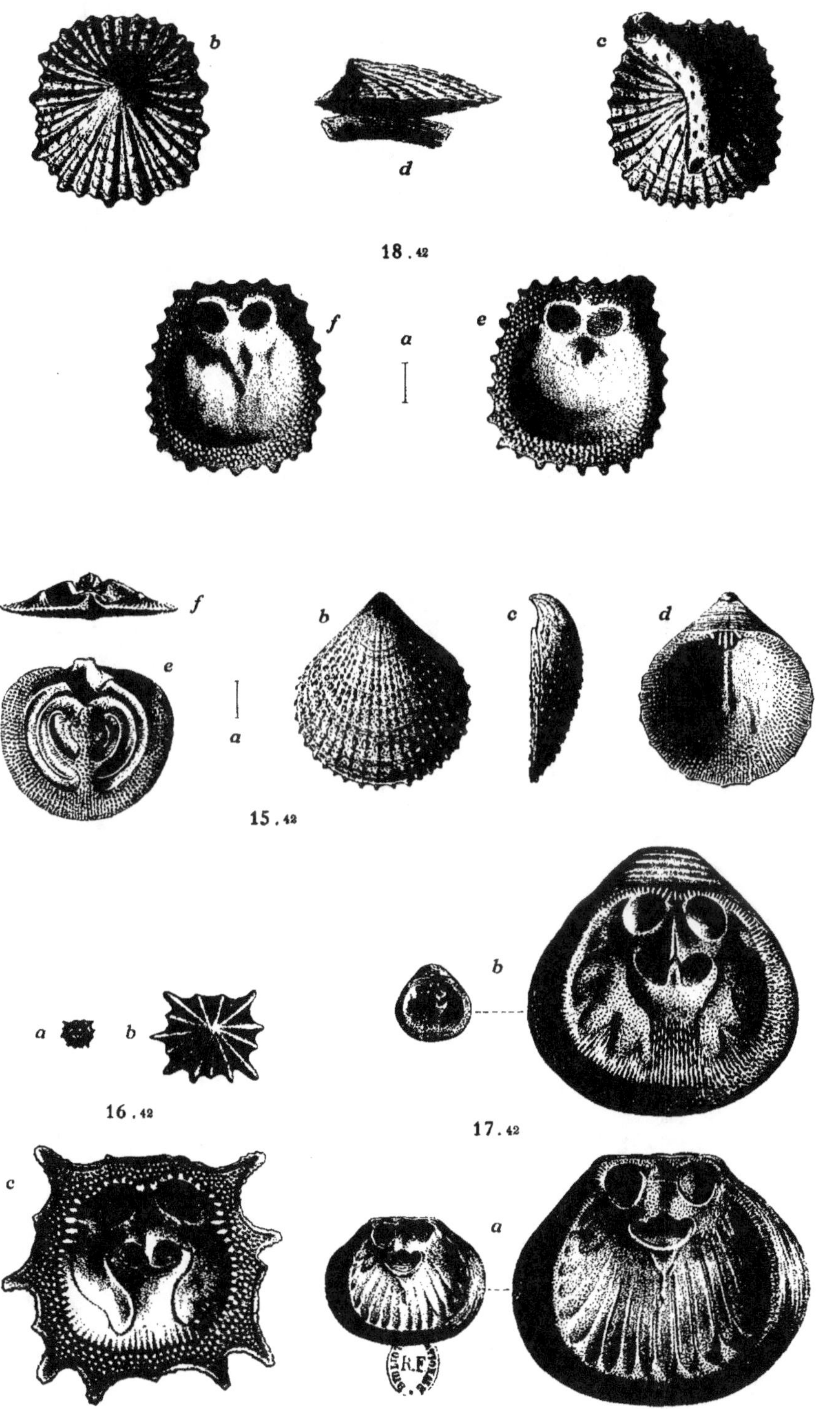

Imp. Tortellier et Cie, Arcueil (Seine)

146

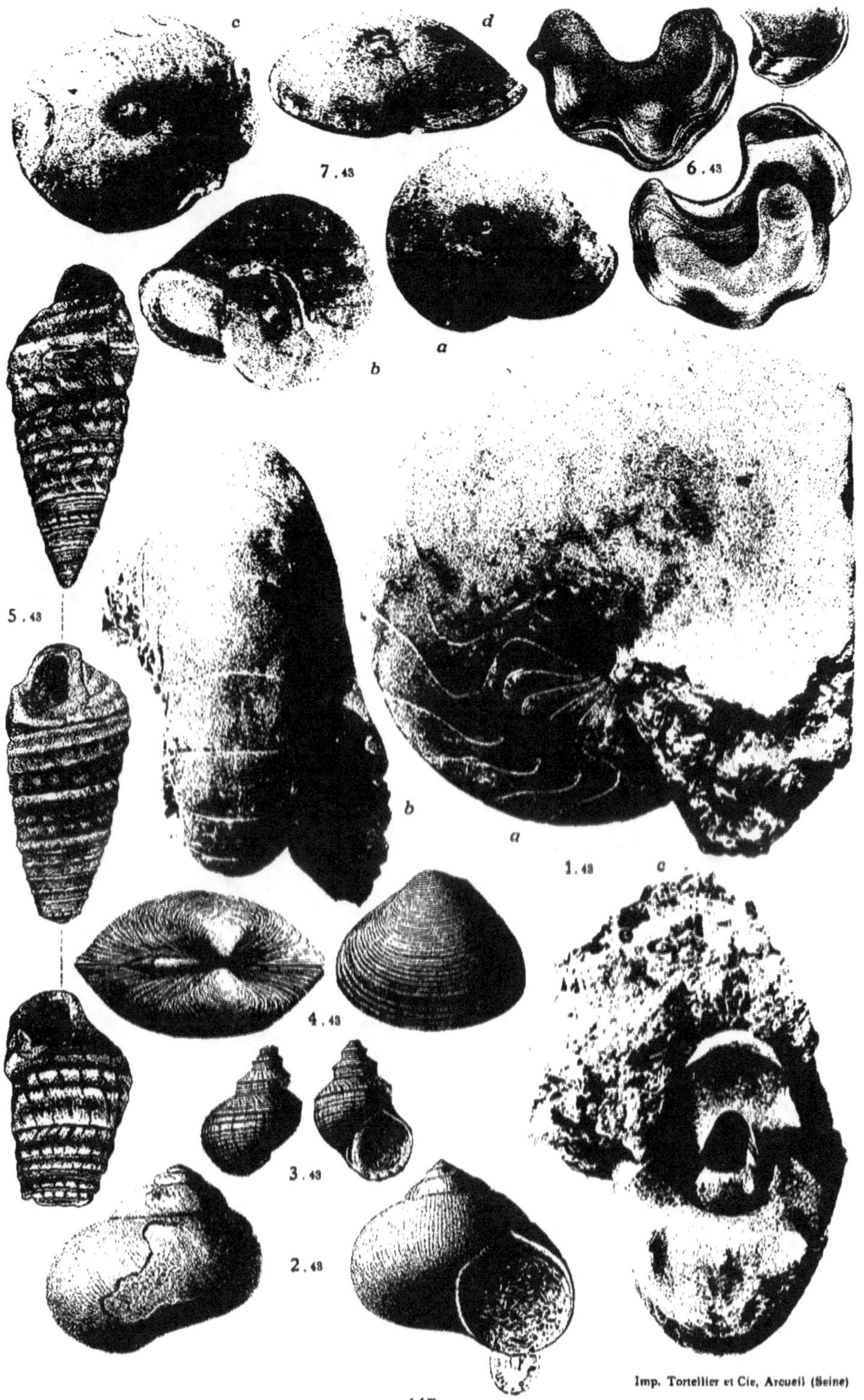
c
d
7.43
6.43
a
b
5.43
b
a
1.43
c
4.43
3.43
2.43